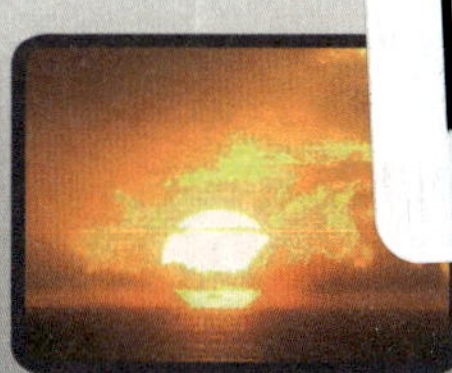

发现地球

FAXIANDIQIU

《科普世界》编委会 编

内蒙古科学技术出版社

图书在版编目（CIP）数据

发现地球 /《科普世界》编委会编. —赤峰：内蒙古科学技术出版社，2016.12（2020.2重印）

（十万个为什么）

ISBN 978-7-5380-2747-1

Ⅰ. ①发… Ⅱ. ①科… Ⅲ. ①地球—普及读物 Ⅳ. ① P183-49

中国版本图书馆CIP数据核字（2016）第313132号

发现地球

作　　者：《科普世界》编委会
责任编辑：许占武
封面设计：法思特设计
出版发行：内蒙古科学技术出版社
地　　址：赤峰市红山区哈达街南一段4号
网　　址：www.nm-kj.cn
邮购电话：(0476) 5888903
排版制作：北京膳书堂文化传播有限公司
印　　刷：天津兴湘印务有限公司
字　　数：140千
开　　本：700×1010　1/16
印　　张：10
版　　次：2016年12月第1版
印　　次：2020年2月第2次印刷
书　　号：ISBN 978-7-5380-2747-1
定　　价：38.80元

前言 Preface

在浩瀚的银河系，有一颗蔚蓝色的行星——地球。起初，地球只是混沌一片，后来经过四十亿年的漫长演变，才最终成为一个资源丰富、物种繁多的美丽星球。

作为地球生命的一部分，我们每天生活在地球的怀抱中，但是有多少人知道地球为什么是球状的？地球的体积在变大还是缩小？地球上的山能长多高？对这些关于地球的问题，相信很多人都想知道，也有很多人会梦想能穿越时空隧道，去看一看地球最初的样子，去摸一摸地质变化形成的地貌，感受一下曾经的沧海如何变成桑田，植物怎样变成了矿产。而这些都是时光赋予地球的魅力，无关磁场，也无关万有引力。

在未来，我们还要与地球长久相处，只有了解地球，认识地球的规律，才能更好地保护地球——我们人类唯一的家园。

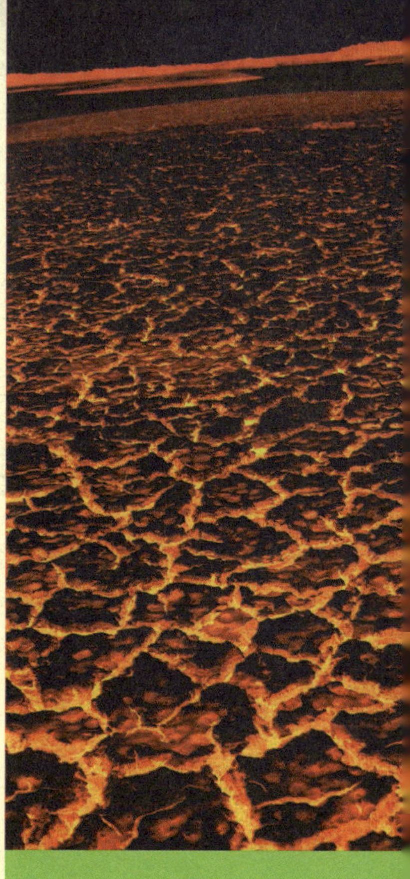

目录

Contents

Part 1 宇宙中的地球

Part 2 地球上的地形地貌

Part 3 地球上的宝贵资源

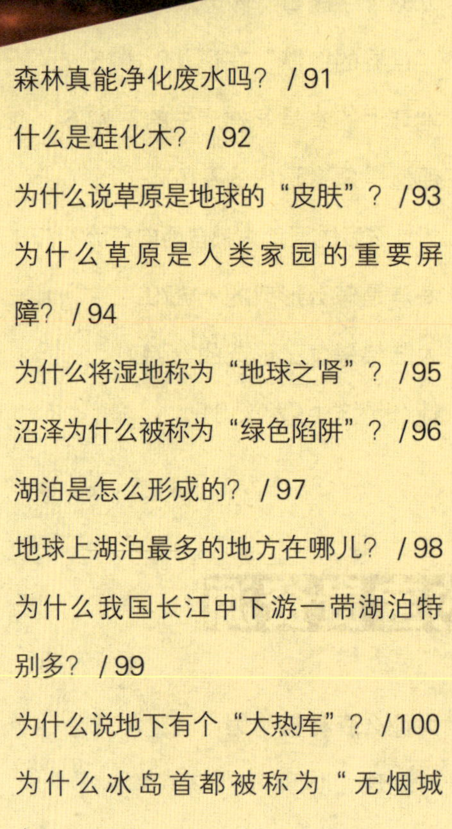

Part 4 地球的生存与危机

part 1

宇宙中的地球

地球是怎样诞生的?

关于地球的诞生，普遍认为是源于宇宙空间的一次大爆炸。

大约150亿年前，一个质量与密度无限大、体积无限小的点发生了大爆炸。爆炸产生的碎片形成了大片星云。星云由尘埃微粒组成，这些微粒互相吸引，慢慢地聚集在一起，成为微行星。这些微行星越变越大，在经过漫长的时间后，聚集而形成了多个大的星体，也逐渐形成了地球、火星、金星等八大行星。这个理论是18世纪法国天文学家拉普拉斯提出的，现在被认为是最合理的一种地球形成理论。

▼ 宇宙爆炸说是宇宙形成的猜测之一

▲ 星体碎片撞击地球

地球是怎样形成的？

地球是在宇宙大爆炸后的100亿年后才逐渐形成。地球大约形成于46亿年前，诞生之初，它只是一颗光秃秃的行星，就像今天的月球。这时的地球常常遭到陨星轰炸，岩石表面因而开始熔化，变成一个圆球形的、极度炽热的熔岩海洋。后来，轰炸停止，地球表面冷却下来，但新形成的固体表面同时也将气体裹到了里面。随着压力越来越大，便导致了接连不断的火山喷发，而各种气体聚集形成了新的大气层。另外，不稳定的地质结构也使得地壳不断发生激烈运动。于是，就在这种冲撞和震动之中，地球完成了从无机界到有机界的自然演变。

为什么地球是球状的?

我们现在已知道我们生活的地球是近于球形的，为什么地球会是这样的形状呢？原来这主要是因为地球引力对其表面的物质产生的吸引力是指向地球球心的且大小相等。地球的质量相当大，能产生足够强大的向心引力，使任何地球表面的物质都逐渐趋向平坦的球状分布，而不是其他形状。而且，即便是高原、高山等不平坦的地形，只要有足够的时间，地球引力也会将其逐渐削平，从而恢复地球表面浑圆的形状。当然，在这一过程中，自然风化和水的侵蚀也起到了重要的辅助作用。

▼ 接近地球的物体，都会被吸引朝向地球

▲宇宙中的星球

为什么宇宙中天体大多是球状的?

根据万有引力定律理论，因为重力场的作用力源自于星体中心，将所有的物质都往内拉；而星球的巨大本体加上内部放射性元素所产生的热量，其行为表现就像液态一样，向长期来自重力中心的万有引力作用屈服，因此形成圆形。例如，液体物质在自身的引力作用下必然要收缩成球形，因为只有球状分布能使地球表面物质达到最稳定的“静力平衡”状态。比如，星球在诞生初期是炽热的液态星球，其在自身的引力作用下自然而然地收缩成球形。一个足够大的天体，即便是由固体物质组成，也会在自身的引力或重力作用下，逐渐缩成球状。所以，宇宙中的大型天体大多是球状的。

▲ 椭圆星系

为什么地球不是一个规则的球体?

地球是球体，但不是规则的球体。这是因为，物体在做圆周运动时会产生离心力，地球自转时就会受到离心力的作用。我们知道，地球内部的物质不是均匀分布的，这就使得地球的形状变得不是我们想象的那样——是个均匀的球体。简单形象地说，地球的形状就像一只大梨子：赤道略鼓，是“梨身”；北极略尖，是“梨蒂”；南极有点凹，是“梨脐”。整个地球就像个梨形的旋转体，确切地说，地球是个三轴椭球体。

地球的外部结构是什么样的?

地球外圈分为四层，即大气圈、水圈、生物圈和岩石圈。大气圈是地球外圈中最外部的气体圈层，包围着海洋和陆地。大气圈没有确切的上界，在 2000 ~ 16000 千米高空仍有稀薄的气体，而在地下，土壤和某些岩石中也会有少量空气。水圈包括海洋、江河、湖泊、沼泽、冰川和地下水等，它是一个连续但不很规则的圈层。因为存在地球大气圈、水圈，所以形成了适合生物生存的自然环境。地球岩石圈，主要由地壳和地幔圈中上地幔的顶部组成，岩石圈厚度不均一，平均厚度约为 100 千米。大气圈、水圈和生物圈，这三个圈层之间没有明显的界线，它们彼此渗透，相互影响，在太阳和人类生活的参与下，使整个地球生机盎然。

▼ 地球外圈

什么是大气?

大气，就是包围地球的空气。地球刚刚形成时，还是一团疏松的星际物质，其中包括空气和固体尘埃。后来，由于地心引力的作用，地球逐渐收缩变小，地球里面的空气被挤了出来，而飞散到太空中的空气又被地心引力拉住，环绕在地球周围，从而形成了大气层，而且越来越厚。大气层没有明显边界，其上界延伸至离地面 6400 千米，再往上就是宇宙太空。

▼ 大气的防辐射作用

▲ 大气层

大气可分为哪几层?

按大气的温度分布，我们通常把大气从下向上分为五层，分别为对流层、平流层、中间层、热层和外大气层。①对流层：此层从地面向上，至 10 千米左右的范围，是大气层的最底层。在此层里，大气活动异常激烈，所以风、云、雨、雪、雾、露、雷、雹等多发生在此层里。②平流层：从对流层顶向上到 55 千米附近。这里的空气成分几乎不变，水汽与尘埃几乎不存在，所以这里常是晴空万里。③中层：距地面 55 ~ 80 千米这个范围被命名为中层大气。在这里，温度随高度而下降，在 80 千米左右达到最低点，约为 −90℃。④热层：距地面 80 ~ 500 千米的范围，这里温度随高度迅速上升，可达到 1000 ~ 2000℃。在这里，空气高度稀薄。⑤外大气层：距地面 500 千米以上是外大气层，这一层是地球大气层的顶端。在这里地球的引力很小，再加上空气又特别稀薄，气体分子常常高速地飞来飞去，有时甚至会进入星际空间。大气分层，有利于人们更好地研究大气。

地球表面是什么样的?

虽然叫地球，但地球表面并不是平坦光滑的。它的一部分被水淹没着，成为海洋；另一部分露出水面，形成陆地。从地图上我们能发现，地球表面的 71% 被海洋覆盖，在剩下的不到 30% 的陆地上也分布着纵横交错的江河湖泊，而且海洋是彼此连成一片的，所以有人说，地球是一个“大水球”。而陆地被海洋隔成几大块，按照面积大小，又分为大块的大陆和小块的岛屿。全球大陆共有亚欧大陆、非洲大陆、北美大陆、南美大陆、澳大利亚大陆和南极大陆 6 块大陆。除南极洲外，各大陆都呈北宽南窄的三角形，而且具有南北向伸展的特点，特别是北美大陆和南美大陆的这种特点尤其明显。全球岛屿极多，但总面积仅占陆地总面积的 10% 左右。

▼ 地球表面绝大部分都被海洋所覆盖

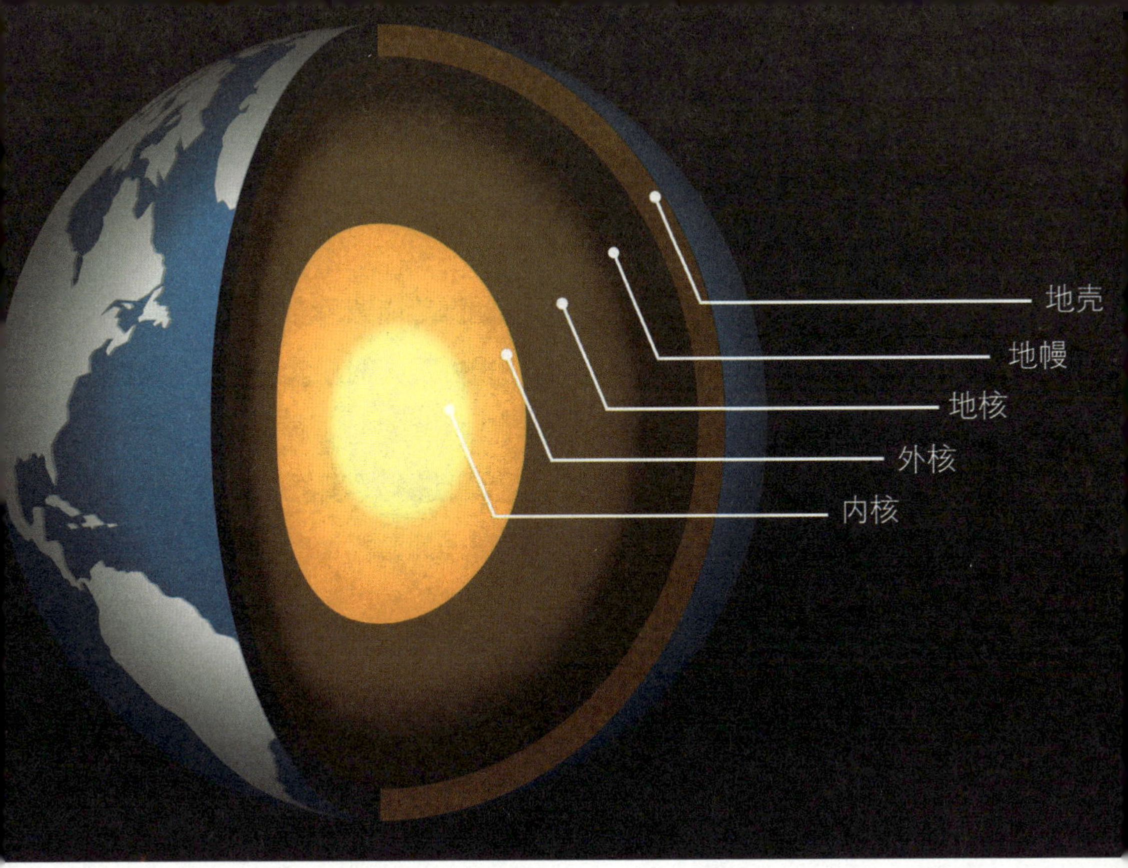

地壳
地幔
地核
外核
内核

▲ 地球结构

地球内部是什么样的?

为了形象地说明地球内部的样子，人们总爱用鸡蛋来比喻。通过对地震波信息分析，地球是由一个物质分布不均匀的同心球层构成，即地壳、地幔和地核三层。其中，相当于鸡蛋外壳的地球的表面层是“地壳”，地壳分为上下两部分，各部分的物质结构不同。相当于蛋白的第二层是“地幔”，而地幔以下至中心称作“地核”，地核就相当于熟鸡蛋的蛋黄。地核又有内核和外核之分。从地幔以下达 5400 千米之间叫外核，外核以下到地球中心叫内核。

▲ 地壳是指由岩石组成的固体外壳，地球固体圈层的最外层

什么是地壳?

现在我们已知道地球的最外圈是地壳，地壳分为大陆地壳和大洋地壳。整个地壳平均厚度约 17 千米，其中大陆地壳厚度较大，平均约为 33 千米。高山、高原地区地壳更厚，最厚可达 70 千米；平原、盆地地壳相对较薄。

经研究分析，地壳是由不同的岩石组成：上层为花岗岩层，下层为玄武岩层。而地壳的组成原因与地表地质构造的演化、矿物资源的分布规律以及地震、火山发生的过程有着密切关系。一般说来，年轻构造带的地壳厚度较大，喜马拉雅山区的地壳厚度可达 70 ~ 80 千米，而古生代构造带的地壳厚度通常小于 30 千米。

地壳是由什么组成的?

为什么地壳是由不同种类的岩石组成，而不是由一种岩石组成？原来岩石也有不同的形成原因，岩石可以分为岩浆岩、沉积岩和变质岩。其中，岩浆岩约占组成地壳全部岩石的 90% 以上，但大多深埋在地下，露出地表的多是沉积岩。沉积岩约占露出地表岩石的 75%。岩浆岩是由地下炽热岩浆上升，侵入到地壳中或喷出地面后，因温度降低，逐渐冷却而形成的，如花岗岩、玄武岩等。在岩浆活动中，岩浆中的有用物质富集起来形成矿床，称内生矿床。世界上许多金属矿就是这样形成的。沉积岩是经过风或水搬运后沉积固结形成的岩石，变质岩是由于地壳变动和岩浆活动形成的一种新岩石。

▼ 凝固的岩浆

▲ 地壳运动产生的地面坍塌

为什么地壳不“安稳”？

地壳经常处于运动状态。比如断层、褶皱、高山、盆地、火山、岛弧、洋脊、海沟等，这些都是地壳运动的遗迹，是最好的例证。而且，地壳还在不断地运动着，如大陆漂移、地面上升和沉降以及地震都是这种运动的反映。天文学家研究认为，地壳的运动与地球内部物质的运动联系密切。地壳在运动时，由于受力常发生变形，如拉伸使地表出现裂谷，挤压使岩层发生弯曲或断裂错位形成山峰。

什么是地球岩石圈?

地球岩石圈是指地球最外层平均厚度约 100 千米的带有弹性的坚硬岩石，由地壳和上地幔顶部组成。岩石圈可分为 6 大板块，即欧亚板块、太平洋板块、美洲板块、非洲板块、印度洋板块、南极洲板块。此外，岩石圈还有一些较小的板块镶嵌其间。岩石圈的厚度因地而异，一般来说，大陆地壳的岩石圈比大洋地壳的岩石圈厚，但是其具体深度还存在争议。

▼ 火山附近由于火山喷发活动形成的火山岩石

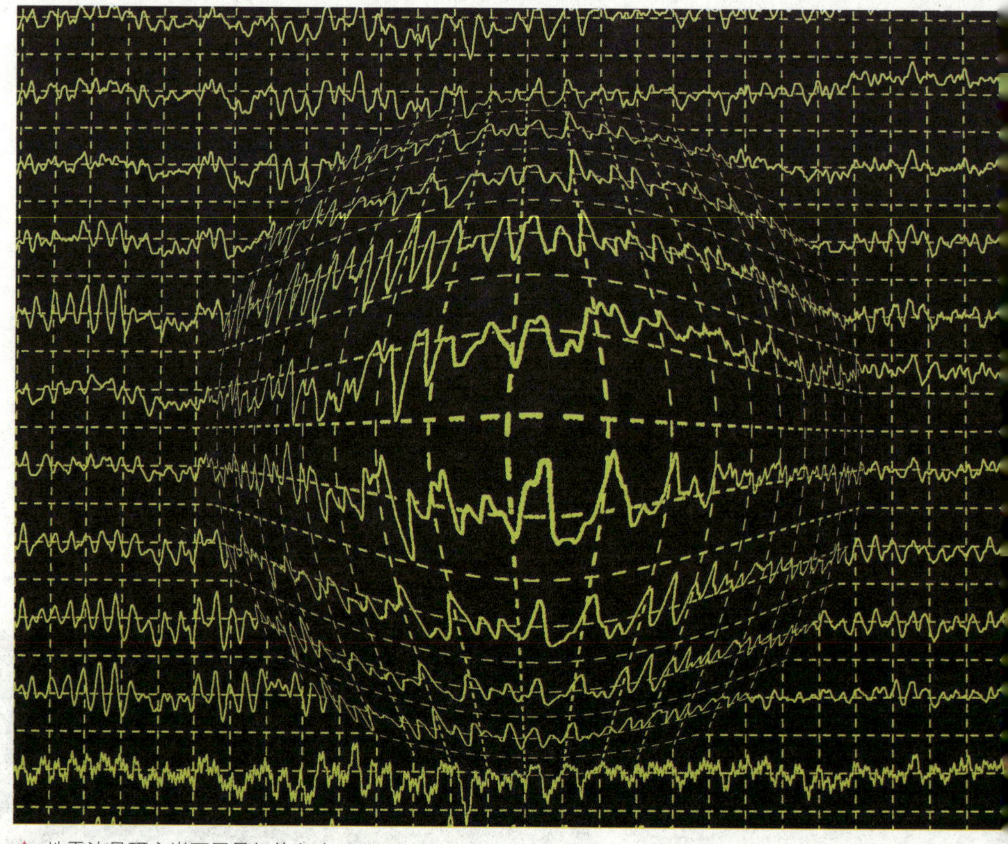

▲ 地震波是研究岩石层最好的方法

什么叫莫霍面?

我们是以什么为标准来分开地壳与地幔的呢?最早这个分隔线是克罗地亚地震学家莫霍洛维奇于 1909 年发现的,就用他的名字来命名。在莫霍面上,地震波的纵波和横波传播速度增加明显,弹性和密度随深度逐渐增加,地幔物质密度、硬度大于地壳。莫霍面在大陆地区深度为 20 ~ 70 千米,大洋地区为 7 ~ 8 千米。莫霍面的发现,为地球的分层提供了重要依据。

地核是固态的还是液态的？

地球的核心部分当然就是地核了，地核分为外核和内核两部分。从源自其他行星核心的铁陨石来推测，地核也是由铁和镍组成，温度在 6000℃左右。而在地球潮汐和振荡研究中可以推出，地核的外核厚度在 2900 ~ 5165 千米，呈液态；再往下便是内核，呈固态。现在，人类对于地球内部秘密的探索仍在继续，或许地球的内部层次还可以获得进一步划分。

▼ 地核中可能会蕴藏黄金

地球到底有多厚?

地球到底有多厚，一直是人们关注的问题。最近，科学家们通过人造飞行器对地球形状和大小进行了精确的测量，结果发现，地球是个赤道略鼓、两极稍扁的扁球体，而地球的平均半径为 6371 千米，赤道半径为 6378 千米，两极半径各为 6357 千米。后来，又经过一系列的探索，地理学家根据人造卫星探测到的数据，终于找到了地球最厚的地方，那就是位于中美洲厄瓜多尔的钦博拉索山的峰顶，其从地心到山顶的距离是 6384.1 千米，比赤道半径还长 6.1 千米。

▼ 卫星勘测画面

▲ 引力作用是天体间保持固定轨道的根本机制

地球的体积在变大，还是在缩小？

有些人认为，地球起初是一团炽热的熔融体，经过漫长岁月的冷凝后，收缩成有硬壳的地球，所以地球在缩小。而有些人则认为，地球长期以来都在膨胀。地壳运动，大陆分离，这就是地球膨胀的见证，而且至今有些裂缝仍在扩展，一些大陆之间的距离也在增大。另有一种说法是地球由宇宙尘埃积聚而成，宇宙尘埃以及陨星等受地球引力的作用不断地缓缓向地球靠拢，使地球体积不断增大。那么，地球到底是在变大，还是在缩小，至今没有定论。

为什么地球不会发光?

地球的生物依靠太阳光而生存，这是大家都知道的。其实，在宇宙中，只有恒星会发光，行星、卫星、彗星等都不会发光。恒星发光来自组成它的物质的燃烧，即上面的核燃料在核聚变，从而放出巨大的能量，发光发热。而在行星、卫星、彗星上没有氢这类核聚变燃料，所以无法发光。地球是太阳系八大行星之一，自然也是不会发光的。

▼ 地球迎接阳光的到来

▲ 太阳出来后，地球表面很快就会感受到阳光的热量

阳光到达地球需要多长时间？

既然地球与太阳有一定的距离，那光跑到地球需要多长时间呢？要知道这个时间，就需要知道太阳与地球的距离。经测算，地球与太阳的最大距离是 1.521×10^8 千米，约在每年 7 月初；最小距离是 1.471×10^8 千米，约在每年 1 月初；平均距离是 1.496×10^8 千米。天文学家把地球与太阳之间的距离作为一个天文单位，取其整数为 1.5 亿千米，这段距离相当于地球直径的 11700 倍。我们知道，光在宇宙中的传播速度最快，达到 (299792.5 ± 0.1) 千米／秒，由此计算可以得出，太阳光到达地球上大约需 8 分 19 秒。换句话说，如果我们乘坐时速 1000 千米的飞机，要花 17 年左右才能到达太阳，发射每秒 11.23 千米的宇宙飞船也要经过 150 多天才能到达。

地球多少岁了?

我们是如何知道地球年龄的呢？其实一切物质的存在随着时光的流逝都会留下痕迹，既然我们知道地壳是由岩石构成的，那只要通过岩石便可以推算出地球的年龄。科学家们通过测算岩石中铀和铅的含量，推算出地球上最古老的岩石大约有 38 亿年。我们用岩石的年龄，加上地壳形成前地球所经历的一段熔融状态时期，就可以得出地球的年龄约为 46 亿岁。

▼ 古老的岩石

▲ 地球是离太阳第三远的星球

什么是地球的地质年龄和天文年龄?

地球作为一颗原始行星在太阳系中出现，已经经历了 46 亿年的漫长历史。而这个年龄，就是指地球的天文年龄，即地球开始形成到现在的时间，这个时间同地球起源的假说有密切关系。而地球的地质年龄是指地球上地质作用开始之后到现在的时间，所以地球的地质年龄小于它的天文年龄。因为地球上已知最古老的岩石年龄为 41 亿年，所以地球的地质年龄一定比这个数值大。我们通常所说的地球年龄，都是指它的天文年龄。

▲ 地球磁场示意图

为什么地球像块“大磁铁”？

地球是个巨大的磁场，磁场遍布于地球内部、大气层以及地球周围的广大空间。它的磁南极大致指向地理北极附近，磁北极大致指向地理南极附近。地表各处磁场的强度由赤道向两极由低到高，即低纬度地区磁场低，高纬度地区磁场高。赤道附近磁场最小，两极最强，被称为磁极。地磁的南北极与地理上的南北极正好相反。可这个磁场是怎么形成的呢？科学家认为，地核的体积极大，温度和压力又相对较高，使地层的导电率极高，使得电流就如同存在于没有电阻的线圈中，可以永不消失地在其中流动，这使地球形成了一个磁场强度较稳定的南北磁极。

地球磁场会发生变化吗？

地球的磁场在不断变化着，其变化方式也在发生变化。不同地方的磁场方向和强度均以不同的方式发生变化。很难说清楚地球的磁场作为一个整体是如何变化的。在地质史上，大约每隔 50 万年发生一次磁场逆转，但是每次的方式都不同，距今最近的一次大约发生于 70 万年以前。近一个世纪以来，地球上多数地区的磁力普遍减弱了 10%左右。谁也无法肯定这种减弱属于一种波动或是最终将导致磁场逆转。以往发生的每次磁场逆转持续的时间大约为 1 万年，每次发生磁场逆转之前，地球的磁场会在短时间完全消失。地球磁场是一道屏障，如果没有磁场保护，宇宙射线就会以非常密集的形式轰击整个地球，从而给各种生物带来危害。所以，地球磁场的变化对地球的影响极大。

▼ 太阳的不断活动引发磁场变化

为什么指南针总指向南北方?

在野外，我们都懂得利用指南针来区分方向。使用指南针时，无论我们怎么晃动它，在它静止下来后指针总是朝着南北方，这是为什么呢?

其实，这是因为指南针带有磁性，能利用磁场来指示方向。地球是个巨大的磁场，它的周围存在无形的磁力，而地球的南北极磁场最强，所以指南针的指针受到强大的地球磁场影响，就会指向地球磁场的南北极，从而指示南北方向。正是因为指南针的这种特性，古代航海家们才实现了环球航行，并且发现了新大陆。

▼ 指南针

地球仪上的经线和纬线

什么是经线和纬线?

在地球仪上，那一条条纵横交错的线，就是经纬线，其中，连接南北两极的是经线。所有经线都呈半圈状且长度相等，两条正相对的经线形成一个经线圈，任何一个经线圈都能把地球平分为两个半球。与经线相垂直的线，叫纬线。纬线是一条条长度不等的圆圈，最长的纬线是赤道，从赤道向两极，纬线圈逐渐缩小，到南北两极缩小为点。事实上，地面上并没有经纬线，这只是人们为了确定地球上的位置而假设出来的。而且，想要看到我们所在位置的经线并不难，即立一根竹竿在地上，当中午太阳升得最高时，竹竿的阴影就是我们所在地方的经线。因为经线指示南北方向，所以又叫子午线。在地图上，通过地球表面任何一点，都能画出一条经线和一条与经线相垂直的纬线。这样，就能画出无数条经线和纬线来。

为什么地球能悬在空中?

我们知道，宇宙空间的一切物体间都有吸引力，一个物体的质量越大，对别的物体的吸力越大。然而，地球为什么不会掉到太阳上呢?

这是因为地球是绕着太阳做圆周运动的，所有做圆周运动的物体都有一股惯性离心力，地球运动产生的离心力与太阳对地球的引力正好平衡，所以地球不会掉向太阳。

▼ 悬浮在空中的地球

▲ 科学家称，月球正在慢慢远离我们

为什么地球要自转？

目前，关于地球自转的各种理论都还是假说。有西方科学家研究认为，地球自转主要是与地球形成时的原因有关。我们知道，地球起源于太空灰尘的不断积累，由于围绕太阳的公转，太空灰尘对地球的相对冲力导致地球的自转。据说，月球也是一块太空灰尘，本来很小，几乎贴近地球，但随着月球本身的太空灰尘的不断积累，质量不断增大，以至离地球越来越远，最终形成了今天的月球。地球自转的方向是自西向东，从北极点上空看呈逆时针旋转，从南极点上空看呈顺时针旋转。

▼ 行星撞击地球引发地轴倾斜

地球的地轴倾斜了吗?

在太阳系中，行星们按大小不同的椭圆形轨道环绕太阳运行，并在轨道面上以垂直其轴的方向围绕各自不同的斜轴自转。其中，地球的自转轴斜度（即地轴和轨道面的垂线间的夹角）为23.5°。斜度最小的是木星，仅为3°，而斜度最大的是天王星，约为98°。据科学家观测，除了天王星和金星是沿相反方向的轴自左向右旋转，绝大多数行星的旋转方向都是自右向左。

为什么地球自转的速度时快时慢?

地球自转的速度并不是一成不变的，会随着季节变化而变化，年与年之间的自转速度也有差异。一般来说，地球自转一周耗时23小时56分，约每隔10年自转周期会增加或者减少千分之三至千分之四秒。引起地球自转速度发生这种变化的主要原因是潮汐的作用。潮汐主要是受到月球引力的作用，使海水发生定时涨落。海水最高的隆起部分应是在月球和地球中心的连接线上，但海水隆起需要一定时间，所以就偏离了这个线。换句话说，月亮朝地球自转方向的相反方向运动时，海水涨潮，从而迫使地球自转速度变慢了。当然，还有一部分人认为地球的内部是一种类似液体的状态，所以破坏了自转的平衡，使自转的速度发生了变化。此外，风的季节性变化、地壳板块运动等因素，南极大陆冰川的融化使南极大陆的质量减轻，从而使得地球质量分布发生变化，也是比较重要的因素。

▼ 地球的内部构造是其运动速度不恒定的原因

地球在旋转，人为什么不会掉下去？

这是因为地球上存在引力。不仅是地球，宇宙间的一切，包括每个人、每个物体之间都有引力。地球引力吸引着地球上的物体，是人不能从地球上掉下去的原因。而且，无论处在地球的哪个位置，这种吸引力的方向都是朝向地心。所以，当人竖直站立时，脚心总是指向地心的，从太空上看，地球上的人能倒立着行走自如而掉不下去。

▼ 因为引力，地球上的物体可以稳稳立住

▲ 被阳光照射到的一面是白天，照射不到的一面是黑天

白天和黑夜是怎么出现的？

地球上所谓的白天和黑夜，都是由太阳的照射引起的。当地球的一面对着太阳的时候，这一面就是白天；而另一面背对着太阳，太阳的光线照射不到，就是黑夜了。地球每自转一周，白天与黑夜循环一次。由于地球不停地自转，所以黑夜、白天也就不停地有规律地更替着。

昼夜长短是如何变化的?

地球是实心不透明的。在太阳的照射下，面向太阳的半球是明亮的，叫“昼半球”，而背向太阳的半球是黑暗的，便叫作“夜半球”。昼夜半球的界限就称为“晨昏线”，或者晨昏圈。地球自转一周形成一个昼夜，由于黄赤交角的存在，除了在赤道上的秋分、春分日外，各地的昼弧与夜弧都不等长。也就是说，当夜弧大于昼弧时，则夜长昼短，反之亦然。随着地球的公转运动，晨昏圈一斜一正地变化，同纬度地区的昼弧和夜弧也跟着彼此消长，从而导致昼夜长短不断变化。在我国，漠河是昼夜长短变化最大的地方。冬至日，白天最短，只有 7 小时 30 分；夜晚最长，有 16 小时 30 分。到了夏至，昼夜长短变化则相反。

▼ 昼夜长短是有变化的

▲ 地球上各地的时间不同

时区划分的根据是什么?

地球一直在不停地自西向东自转，所以东边地区总比西边先看到太阳，以至于东边的时间总比西边的早。为了克服时间上的混乱，人们便把全球划分为 24 个时区，本初子午线为 0 时区，向东西延伸各为 12 时区，每个时区横跨经度 15°，最后的东、西第 12 区各跨经度 7.5°，以东、西经 180° 为界。每个时区的中央经线上的时间就是区时，相邻两个时区的时间相差为 1 小时。因此，去国外旅行的人，需要随时调整自己的手表。也就是说，凡向西走，每过一个时区，要把表拨慢 1 小时；凡向东走，每过 1 个时区，则要把表拨快 1 小时。有了时区的划分，人们就可以按照自然规律依太阳昼夜运行恰当地安排各种活动。

▲ 地球相对恒星的角度决定了昼夜的长短

一天的长度是怎样确定的?

地球自转一周是一天，为了方便确定时间，人们把一天划分为24小时。然而，地球自转一周到底需要多少时间呢？这有两种计算方法。

地球自转一周需要23时56分4秒，是固定不变的，称作“恒星日”。而太阳连续两次经过同一子午圈的时间间隔，叫作“真太阳日”，其会随着地球距太阳的远近而发生季节变化。所以，为了获取稳定不变的长度，人们在一年内长短不等的真太阳日中求得一个平均数，叫“平太阳日”。一个平太阳日分为24小时，每小时又分为60分钟，每分钟又分为60秒。这就是平时我们所使用的时间单位。

地球上的一天究竟从哪里开始？

就任何一个地方来说，人们都习惯以日出为白昼的开始，日中为白昼的一半，日落为白昼的结束或黑夜的开始。但是，每个地方都这样，必然会造成混乱，无法正常往来。所以，人们最终规定了一条共同的一天开始和结束的界限，那就是“国际日期变更线”，它通过太平洋的东西十二时区的中央标准经纬——180°线。东西十二时区是一个特殊的时区，全区时间一致，但日期却不相同，而且仅一线之隔，东西就相差一天。也就是说，凡是自西向东走，经过国际日期变更线就要减去一天，相反则要增加一天。只有这样，无论向东或向西绕地球一周回到原点时，才能与原地日期相一致，否则就要差一天。国际日期变更线的划分，使居住在这条线西边的俄罗斯人成为最早迎接每天的人，而居住在变更线东边的美国阿拉斯加人，却要等待 24 小时。

▼ 世界地图

为什么地球绕着太阳公转?

地球除了自转，还在围绕太阳进行公转。这是因为，太阳对地球有一种巨大的引力，使地球靠近自己。而地球在转动中能产生向外远离太阳的离心力，从而使自己与太阳保持一定的距离，不会相撞。但是，因为太阳质量约是地球质量的 33 万倍，所以地球的这种离心力不能克服太阳强大的引力，只好围着太阳转，时远时近。地球公转轨道的形状是近正圆的椭圆，公转的方向也是自西向东，公转一周的时间则为一年。

▼ 地球公转轨道的形状是近正圆的椭圆

▲ 科学家称，太阳熄灭前会将地球吞噬

太阳也是运动着的吗？

在偌大的银河系中，包括太阳在内的恒星都在绕着银河中心转动。太阳离银河中心约有 3 万光年，在太阳附近的星体都以 250 千米／秒的速度运转着。而太阳则以约 20 千米／秒的速度向武仙星座的方向移动，这样在若干年后，我们就能发现星与星原来的间隔会逐渐变大，而对面的天鸽星座（在天球上的位置与武仙座正好相对）方向上星的间隔渐渐变小。因为地球是围着太阳转的，所以，地球正以 29.79 千米／秒的速度追赶着向武仙星座方向运动的太阳。

地球的天然卫星是什么样的？

在太阳系中，月球是地球的唯一天然卫星。月球的年龄大约是46亿年，结构分为月壳、月幔和月核。月球的直径约3476千米，是地球的1/4。体积只有地球的1/49，质量约7350亿亿吨，相当于地球质量的1/81，月球表面的重力差不多是地球重力的1/6。月球表面有阴暗的部分和明亮的区域，亮区是山脉，暗区是平原或盆地等低陷地带，分别被称为月陆和月海。月球绕地球一周需要近4个星期的时间，绕行轨道就像个橄榄球。所以，有时候月球离地球比较近，有时候离地球比较远。

▼ 月球表面景象

▲ 地球大概可以装下 50 个月亮

地球到月球究竟有多远?

现在，“嫦娥奔月”已经不再是神话传说，因为人类已经不止一次地到达过月球。那么，地球到月球到底有多远呢?

早在公元前 2 世纪，古希腊天文学家克罗狄斯 · 托勒密就曾预测，从地球到月球的距离为 367000 千米。随着科学技术的进步，人们于 1946 年通过雷达测出地球和月球之间的距离为 384397 千米。现在，美国和法国科学家又运用激光技术测得了地球与月球之间的精确距离：近地点为 356500 千米，远地点为 406800 千米。

▲ 月亮始终在绕着地球旋转

为什么月亮总是正面对着地球?

月亮始终围绕地球进行公转，同时也在不停地自转。月亮自转一周的时间，正好与它绕地球公转一周的时间相同，都是27.3天。也就是说，当月亮绕地球转过一个角度，它也正好自己旋转了相同的角度，比如月亮绕地球转了360°，那么月亮本身也正好转了一圈。所以，月亮永远是一面朝着地球，另一面背对地球。当然，从更精确的观测中发现，月亮的公转速度并不均匀，而且它的自转轴又不垂直于公转运动轨道面，因此有时我们还能看到月亮背面的一小部分。与正面相比，月球背面的地形更加凹凸不平。

为什么在地球上可以看到日食和月食?

月球围绕地球转，地球带着月球围绕太阳转，这两种运动就产生了日食和月食现象。

当月球转到地球和太阳中间，且这三个天体处在一条直线或接近一条直线时，月球挡住了太阳光，就会出现日食；而当月球转到地球背着太阳的一面，且这三个天体处在一条直线或近似一条直线的情况下，地球挡住了太阳光，就会出现月食。在观测时，所处位置的不同和月球到地球距离的不同，日食和月食的状态也有差别。日食有全食、环食、全环食、偏食，月食有全食和偏食。在发生月食时，半个地球上都能看到，但发生日食时，只有处在比较狭窄地带内的人能看见。

▼ 月食

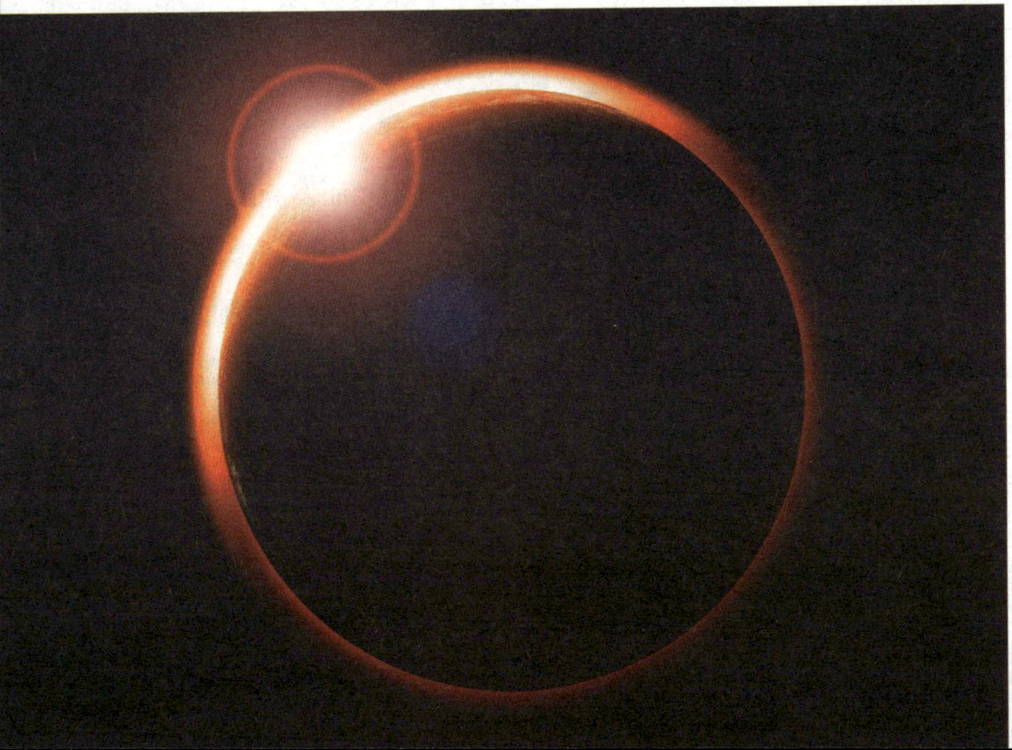

▼月球地形

为什么月亮会有阴影？

看月亮时，我们除了能看到月亮上明亮的部分，还能看到些阴影。这是为什么呢？

月亮本身不会发光，它主要是靠反射太阳光而发亮的，而月球上凹凸不平的“高原”地带，把阳光四面八方地反射开去，这些反射光大部分照到地球上，我们看上去就明亮；而那些“平原”地带，像面镜子一样，它把大部分光反射到别处去了，地球上看到它的反光很少，因此看上去就比较黑暗了。另外，月面上的平原由暗黑色的岩层构成，同时它还覆盖了一层厚厚的沙砾和尘埃，所以它比月面上高原反射太阳光的能力更差（月面上的高原也是由一些灰黑色或褐色的岩层构成的），这也是平原较暗的原因之一。

地球上为什么会下流星雨?

在地球附近的宇宙里，除了其他行星外，还存在着各种行星际物质。这些行星际物质叫作流星体，大的像座山，小的似微尘，它们时刻以自己的速度和轨道运行着。流星体本身不会发光，但当它们与地球“相撞”时，由于速度特别快（10 ~ 80 千米 / 秒），会和大气发生剧烈摩擦并燃烧，将空气加热到几千或者几万摄氏度。在这样的高温气流作用下，流星体本身也会汽化发光。流星体的燃烧是伴随流星体运动过程的，所以就形成了弧形光。如果流星体成群坠落，那么地球上就会出现壮观的流星雨。

▼ 美丽的流星雨划破夜空

为什么火星是地球的“孪生兄弟”？

40 多亿年前，火星与地球逐渐形成了。这兄弟俩长得太像了——同样有南极、北极，同样有高山、峡谷，同样有白云、尘暴和龙卷风，同样是四季分明，甚至连一天的时间都差不多。所以，人们把地球和火星称为太阳系中的“孪生兄弟”。

▼ 橘红色外表是因为火星地表具有丰富的赤铁矿

▲ 出现在英国的麦田怪圈

为什么地球上会发现麦田怪圈?

以前，麦田怪圈由外星人制造说一直占据主导地位，但是随着时间的流逝，科学家们开始逐渐从地球自身找原因。有专家在 130 多个麦田怪圈的研究中发现，90% 的怪圈附近都有连接高压电线的变压器，方圆 270 米内都有一个水池。由于接受灌溉，麦田底部的土壤释放出的离子会产生负电，与高压电线相连的变压器则产生正电，负电和正电碰撞后会产生电磁能，从而击倒小麦形成怪圈。此外，也有专家认为，龙卷风是造成怪圈的主要原因。但是，结论究竟是什么，至今还没有定论。

▲ 太空辐射的作用十分强大

把地球上的种子带入太空育种有什么意义?

这是因为，亿万年来地球植物的形态、生理和进化始终深受地球重力的影响，所以一旦进入太空中，失重状态以及其太空辐射和高真空等作用，将可能使植物发生基因变异。据资料显示，经历过太空遨游的农作物种子返回地面种植后，不仅植株明显增高增粗，果形增大，产量比原来普遍增长，而且品质也大为提高。

part 2

地球上的地形地貌

▲ 陆地和海洋

地球上是先有陆地，还是先有海洋？

在地球初形成时，位于地表的一层地壳在冷却凝结过程中，不断受到地球内部剧烈运动的冲击和挤压，有时还会伴随着强烈的地震和火山爆发。当地壳慢慢稳定下来后，地球就像个风干了的苹果，表面皱纹密布，凹凸不平。之后，在很长的一段时间里，天空中水汽与大气共存，浓云密布。随着地壳逐渐冷却，大气的温度慢慢降低，水汽慢慢凝聚，变成雨水落下，一直下了很久。于是，滔滔的洪水通过千沟万壑，汇集成巨大的水体，形成原始的海洋。此后，经过水量和盐分的逐渐增加以及地质条件的巨变，原始海洋最终演变成今天的海洋。所以，地球上应该是先有陆地，后有海洋。

陆地有多大？

对于陆地和海洋在地球上所占的比例，人们常用“七分海洋，三分陆地”来形容。地球上的大陆，一块块散布在世界的海洋上。这些陆地，大块的叫大陆，小块的叫岛屿，它们的总面积加起来约14900万平方千米，占地球表面积的29.2%，相当于15个中国。大陆和它附近的岛屿合起来叫作大洲，即：亚洲、欧洲、北美洲、南美洲、大洋洲、南极洲、非洲。

▼ 大陆板块地形图

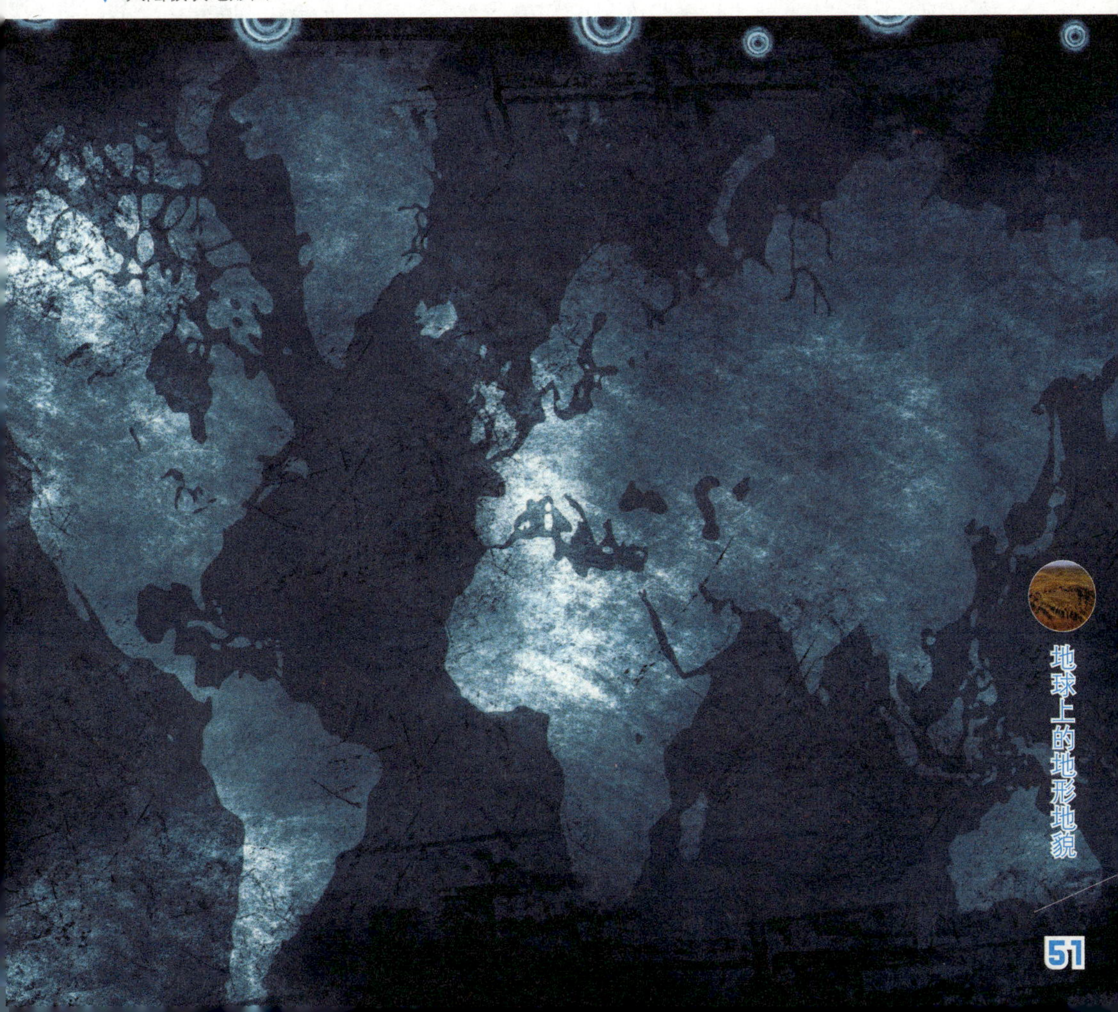

海洋有多大?

人们习惯上把环绕在陆地周围的广大水面叫作海洋。其中,“海”和“洋”是既不能截然分开,又不是完全相同的两个概念。“洋”是世界海洋的主体,而“海”是“洋”的一部分,它分布在大洋的边缘,和陆地紧紧相连。地球上的大洋是相互通连的,分为太平洋、大西洋、印度洋和北冰洋四个大洋。其中,太平洋的面积最大,有18000多万平方千米,比地球上陆地面积的总和还要大。世界海洋的面积约有36200万平方千米,相当于38个中国,差不多是陆地面积的两倍半,占地球表面积的70.8%,所以地球也被称为“蔚蓝的水球”。

▼ 地球是个蔚蓝色的水球

海陆分布

为什么地球上海洋的对应面都是陆地?

如果细心观察地球仪，就会发现一个奇怪的现象：任何一个大陆，与之相对的一侧（以地球球心为中心的另一侧）几乎全是海洋。比如，亚欧大陆的背后是南太平洋，非洲大陆的背后是中太平洋，南美洲大陆的背后是西太平洋，澳大利亚大陆背后是大西洋，北美洲大陆的背后是印度洋，南极大陆的背后则是北冰洋。那么，这种现象是偶然形成的，还是与地球存在内在联系呢？

为了解释这种现象，有人借鉴了地球收缩说（这种学说曾成功地解释了山脉的形成），并在这个学说的基础上，提出了“地球四面体”的假说。他们把一个充满气体的软皮球当作地球，然后将气放掉，结果皮球的表面在收缩以后产生了凹陷，即四面体凹陷。于是，人们推断，四面体的 4 个面就相当于太平洋、大西洋、印度洋和北冰洋，而 4 个面的交点处形成的 4 个顶点就相当于亚欧大陆、澳大利亚大陆、北美洲大陆和南极大陆。目前，这种解释只是一种假说，并未得到普遍认可。

什么是大陆漂移?

在很久很久以前，地球上所有的陆地都是连在一起的，后来因为强烈的地壳运动，使地壳中产生出一些巨大的裂缝，把地壳分割成若干块大陆。虽然大陆发生了分裂，但大陆和地幔下面的物质之间仍是黏结在一起的，不过有些裂缝越来越大，使两块大陆之间的距离也越来越大罢了。然而不管两者距离有多大，仍可以大致拼合在一起，大西洋两岸正是一个典型的例子。据地理学家研究，一年中，板块可以移动 2.5 厘米左右，在亿万年之后，地球便会有沧海桑田的变化。

▼ 曾经的大陆是连成一体的

▲ 凹凸不平的地球表面

为什么地球表面会形成千姿百态的地貌?

地貌，就是地球外部千姿百态的地表形态，这是由地球内外力相互作用的结果。其中，内力作用指地球内部的热能、化学能、重力能与地球自转能等地球内部能释放的力对地壳表面的作用，包括地壳运动、岩浆作用。比如，地球内力作用使地球表面变得高低不平，构筑了地球表面的骨架。而外力作用指太阳辐射能及重力与地球外的天体引力能，通过大气、水与生物对地表的作用力。外力作用使地球表面发生风化、侵蚀、搬运与堆积的能量转化和物质迁移，改变地表形态的一系列过程，主要包括流水作用、波浪与海浪作用、重力作用、风力作用、冰川作用与喀斯特作用等。如河流堆积地貌冲积平原、河流侵蚀地貌峡谷、瀑布等，而风力侵蚀使地貌出现风蚀蘑菇等。

岩石是怎么形成的?

岩石是构成地球表面的物质，它随着地壳的缓慢运动而发生着改变。地壳运动时，高山受挤压耸起，经风化侵蚀后，被分解成沙砾、碎屑堆积起来，形成各种岩石。按照不同的形成原因，岩石主要分为岩浆岩、沉积岩和变质岩。其中，岩浆岩是由火山喷发出来的岩浆直接变冷凝固形成的，沉积岩是由泥沙沉积而成或是石灰质等物质沉淀而成，而变质岩则是由岩浆岩或沉积岩经过变质作用形成的。比较神奇的是，各类岩石还能在不同的条件下相互转变。

▼ 被风化的岩石

▲ 艾尔斯巨石

艾尔斯石是怎么出现的?

艾尔斯巨石位于南半球的澳大利亚，岩石周围长 9000 米，高 330 米，可以说，一块石头就构成了一座大山。艾尔斯石如此巨大，它是怎么出现在地球上的呢？多少年来，人们一致认为，艾尔斯巨石是在地球深部的条件下形成的巨大岩体，后来随着地壳的抬升，盖在其上部的地层被剥蚀殆尽，石体脱颖而出，露出了地面。艾尔斯石除了巨大，还会变色。当阳光从不同的角度照射时，石头会显出许多不同的颜色，十分神秘。

什么是褶皱?

岩层在形成时，一般是水平的。但在构造运动作用下，岩石会因受力而发生弯曲，如果一个弯曲称褶曲，那么一系列波状的弯曲变形就是褶皱。褶皱构造是地壳中最广泛的构造形式之一，它几乎控制了地球上大中型地貌的基本形态，世界上许多高大山脉都是褶皱山脉。而褶皱的不同形态和规模大小，常常反映当时地壳运动的强度和方式。

▼ 安第斯山脉就是著名的褶皱山脉

▲ 阿尔卑斯山脉

为什么地球上的褶皱会形成高峰？

褶皱的基本形态分为背斜和向斜。从形态上看，背斜一般是岩层向上拱起，向斜一般是岩层向下弯曲。所以一般来说，背斜成谷，向斜成山。

在地球上，各个地质时代都发生过多次大规模的地壳变动。早期地壳变动所形成的古老褶皱山脉，因为长期遭到剥蚀已经不高了。但是，由新近的地壳变动所形成的山脉则多高大巍峨，并且高度还在继续上升，如欧洲的阿尔卑斯山脉、南美洲的安第斯山脉及亚洲的喜马拉雅山脉等都属于这类褶皱山脉。

什么是喀斯特地貌?

喀斯特地貌又称岩溶地貌，是石灰岩地区地下水长期溶蚀的结果。石灰岩的主要成分是碳酸钙，在有水和二氧化碳时发生化学反应生成碳酸氢钙，后者可溶于水，于是空洞形成并逐步扩大。喀斯特地貌主要分布在世界各地的可溶性岩石地区，尤其以南欧亚德利亚海岸的喀斯特高原上最为典型。而在我国的大江南北，如天下第一的桂林山水，似幽如幻的安顺织金洞等，这些如笋如簪的奇峰、深邃幽暗的山洞，也都属于喀斯特地貌。

▼ 喀斯特地貌

▲ 赤水丹霞地貌

什么是丹霞地貌?

丹霞地貌是一种特殊地貌，主要分布在中国和美国西部。起初，丹霞地貌只是地球上沉积的红色地层，后来当红色沙石经长期风化剥离和流水侵蚀，岩层沿垂直节理方向发展，红层便被割成一片片红色孤立的山和陡峭的奇岩怪石，最终形成我们现在看到的丹霞地貌。丹霞地貌最突出的特点是“赤壁丹崖”广泛发育，形成了顶平、身陡、麓缓的方山、石墙、石峰、石柱等奇险的地貌形态，各异的山石形成一种观赏价值很高的风景地貌。在我国，位于贵州省赤水市境内的赤水丹霞，丹霞地貌面积达到 1000 多平方千米，以发育成熟典型，形态壮美而闻名世界。实质上，丹霞地貌不仅仅是一种风景，它还是大陆性地壳发育到特定阶段的标志，是地球演化史中重要阶段的突出例证。

断层是怎么形成的？

地壳岩层因受到一定强度的力而发生破裂，并沿破裂面有明显相对移动的构造，就是断层。在地貌上，断层大小不一，大的数百上千米，小的则不足1米，其中大的断层常常形成裂谷和陡崖，如著名的东非大裂谷、中国华山北坡大断崖等。此外，由于断层作用，地表有些地区断裂成许多部分，出现许多断裂地块，有的地块上升，有的地块下降，红海就是因断裂形成的。而由于断裂作用形成的山体叫作断层山，这种山一般多悬崖峭壁，如中国的庐山、泰山等。而沿断层线常常发育为沟谷，有时出现泉或湖泊，如俄罗斯的贝加尔湖。

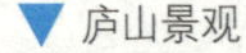

▼ 庐山景观

▲ 白崖是由细小的海洋微生物沉积起来的

地球上的白色悬崖是怎么形成的？

最著名的白色悬崖是位于英国英吉利海峡比奇角的多佛白崖，长达 5 千米，最高点达 110 米。白崖是由细小的海洋微生物以每年 0.015 毫米的速度沉积而成。从白垩纪开始，至今已有一亿三千万年的历史。当时，无数微生物的躯体和富含碳酸钙的贝壳，死后沉入海底。贝壳一层一层地堆积起来，在被称为沉积作用的过程中逐渐受压，便形成了这处白色悬崖。多佛在历史上被称为通向英格兰的钥匙，而多佛白崖现在则被认为是英格兰的象征，从欧洲大陆远眺英伦，最显眼的就是这片美丽的白崖。

山上的圆石头是怎么形成的?

在远古时代，圆石所处位置曾是一片低地，河水川流不息。在水流的带动下，许多碎石被搬走，在途中，石块与石块、石块与河床之间不断地发生碰撞和腐蚀，周边的棱角被磨掉，石面变得光滑，然后慢慢成了圆石头。河水流到低地，由于地势平缓，水流减慢，河水无法搬走圆石，便把石头留下来。之后，地壳发生强烈运动，把这片低地抬高成山。河水退去，石头却仍然停在原地，躺在山上。此外，山中的花岗岩在外界温度影响下，表层和内部受热不均，会发生崩解破碎，之后在风化作用下，这些块状岩石逐渐圆化，也会形成圆石。

▼ 地球上的石头无论什么形状都跟其所受的风力有关

▲ 每一座大山都是地质变动的证据

地球上的高山是怎么形成的?

地球的 1/3 面积是陆地，而陆地的 1/3 则是山地。地球上为什么有这么多山呢？这就要从造山运动说起了。

在地球演变的过程中，地壳的各个板块相互碰撞和挤压，使板块的边缘部分逐渐弯曲变形，即发生褶皱。其中，板块因受力而向上隆起，就形成了最初的山岭，以后经过不断演变，便成了我们现在所看到的山。比如喜马拉雅山，就是由于欧亚板块和印澳板块的相互碰撞，使得沉积在海水中的沉积岩褶曲隆起而形成的。

山脉的形成有什么特点?

山脉是沿某一方向延伸的山岭系统，一般都由几条或多条山岭组成。它们排列有序、脉络分明，犹如大地的骨架。几条走向大致相同的山脉排列在一起，又可构成一个更为巨大的带状山地，叫作山系。一般来说，山脉所在地区也是地壳运动最为剧烈的地方，火山、地震常在这些地区发生。如阿尔卑斯山脉南支亚平宁山脉的维苏威火山、安第斯山脉北段的科帕克西火山，都是世界上著名的大火山。由于山脉海拔越高，山顶上就越冷，所以即便在赤道地区，山脉的峰顶也是白雪皑皑，寒气刺骨。而非洲赤道附近海拔 5600 多米的乞力马扎罗山更是因为顶峰布满白雪，被人们称为“赤道雪冠”。

▼ 连绵起伏的山脉

▲ 珠穆朗玛峰

为什么地球上的山峰高度是有极限的？

大部分地质学家认为，山的高度是有限度的。因为山越高，山本身的重力对山底的压力越大。当山的高度超过 10000 米（一说是 21000 米）时，山底的物质会因受高压而崩塌，导致山体下沉，所以地球上没有超过 10000 米的山。而在水星上，由于重力加速度比地球上的小，所以山的最高值比地球上大，如奥林匹克山，它比珠穆朗玛峰要高两倍多。

高原是怎么形成的?

高原是在长期连续的大面积的地壳抬升运动中形成的。总的来说，高原就是海拔高度一般在1000米以上，面积广阔，周边以明显陡坡为界的比较完整的大面积隆起地区。高原分布特别广，如果连同其所包围的盆地一起计算，大约可占地球陆地面积的45%，所以素来有“大地的舞台”之称。著名的青藏高原，因为海拔高，面积广，被称为“世界屋脊”。

▼ 青藏高原上的布达拉宫

▲ 喜马拉雅山脉对于每个攀登者来说都是一个挑战

为什么说喜马拉雅山脉是从海底长出来的？

在两亿多年前，我们现在所看到的喜马拉雅山处是一片汪洋大海。到了四千万年前，地球表面分成了几个板块，其中被称为印度板块的大陆逐渐以每年 6 ～ 12 厘米的速度向北漂移。两千万年后，印度板块与亚欧板块发生剧烈碰撞，中间的部位被挤得越来越高，便成了现在世界上公认的最高山脉——喜马拉雅山山脉。

▲ 东非大裂谷

哪里被称为地球的一道伤疤？

大约 3000 万年前，曾发生过强烈的地壳断裂运动，当地壳岩层受到地壳运动引起的强大外力时，便发生了断裂和破碎，从而形成裂谷。随着抬升运动不断进行，地壳的断裂不断产生，地下熔岩不断地涌出，渐渐形成了高大的熔岩高原。高原上的火山则变成众多的山峰，而断裂的下陷地带则成为大裂谷的谷底。

著名的东非大裂谷就是世界上最长的裂谷带，宽 50 ~ 80 千米，底部是一条宽带状的低地，裂谷底部比两侧高原表面平均要低 500 ~ 800 米，纵深地带相隔 3000 米左右，被称为“地球的伤疤”。目前这条大裂谷仍在以每年 5 厘米的速度向两侧扩张。科学家们曾预测，按照这种速度扩张下去，在 2 亿年后，裂谷间将会形成一个新的海洋。

丘陵是怎么形成的?

丘陵一般多分布在山地或高原与平原的过渡地带，但也有一些孤丘散布在平原之中，如我国北京市的八宝山。丘陵通常海拔在500米以下，相对落差不超过200米。一般孤立存在的称为丘，许多丘连在一起才成为丘陵。丘陵多是因为山地或高原长期经受侵蚀而形成，而且多处在山前地带，所以丘陵地区的降水比较丰沛。在地球的陆地上，丘陵分布十分广泛，仅我国就有100万平方千米的丘陵，约占全国总面积的1/10。

▼ 丘陵地貌

▲ 吐鲁番盆地

盆地是怎么“挖”出来的?

盆地的形状就像一个盆，四周高，中间低。盆地的周围一般都围绕着高原或山地，中部是平原或丘陵。盆地是在各种自然力的作用下形成的，由于成因不同，可分为构造盆地和侵蚀盆地。其中，构造盆地是由于地壳构造运动形成的，如我国新疆的吐鲁番盆地、江汉平原盆地。侵蚀盆地就是一种由冰川、河流、风和岩溶侵蚀而形成的，如我国云南西双版纳的景洪盆地，主要由澜沧江及其支流侵蚀扩展而成。盆地面积大小不一，大的可达 10 万平方千米以上，小的只有方圆几千米。

各式各样的岛屿是怎么形成的?

四面环水的小块陆地就是岛屿。岛屿大致可分为大陆岛、火山岛、珊瑚岛和冲积岛四种。大陆岛是因地壳上升、陆地下沉或海面上升、海水侵入，使部分陆地与大陆分离而形成。世界上较大的岛基本上都是大陆岛。火山岛是海底火山爆发或者地震隆起时，由岩浆喷射物的堆积和隆起部分形成的岛屿，比如太平洋中的夏威夷岛，就是典型的火山岛。珊瑚岛就是由珊瑚虫遗体堆积而成的海岛，这种类型的岛屿在太平洋的浅海中比较集中，如澳大利亚东北面的大堡礁。而冲积岛则是由河流或波浪冲积而成的岛屿，我国长江口的崇明岛就是冲积岛的代表。

▼ 岛屿

▲ 风光旖旎的夏威夷海岸

夏威夷群岛为什么被称为“太平洋上的十字路口”？

夏威夷群岛是美国唯一的岛屿州，它远离大陆（离该岛最近的大陆也有 3000 多千米），位于碧波万顷的太平洋交通要道中央，由 20 多个大小岛屿组成。由于它地处太平洋的中央，从美洲的温哥华、旧金山、巴拿马运河到亚洲的横滨、马尼拉、香港，大洋洲的悉尼、奥克兰等地的定期邮船都在夏威夷停靠；横跨太平洋的航空线、穿过太平洋的海底电缆也都从这里通过；扼亚洲、澳大利亚、美洲海空航线的交通枢纽。所以，从夏威夷群岛的地理位置来说，被称为“太平洋上的十字路口”是恰如其分的。

“世界的肚脐”在哪儿?

复活节岛是南太平洋中的一个岛屿，与南美洲相隔3700千米，是世界上最与世隔绝的岛屿之一。复活节岛的居民称自己居住的地方为“世界的肚脐”，但很多人都不明白是什么意思。后来人们在航天飞机上鸟瞰地球时发现，复活节岛孤悬在浩瀚的太平洋上，确实跟一个小小的“肚脐”一样。复活节岛之所以引人注目，还因为岛上有许多石像。这些石像一般高7～10米，重30～90吨，均由整块的暗红色火成岩雕琢而成，有人认为这是外星人留下的遗迹。

▼ 矗立在复活节岛上的神秘石像

▲ 水

地球上的水是怎样产生的？

地球上的水在大约46亿年前地球刚刚诞生时就已经存在了，这一点从地球上最古老的岩石中存有堆积岩上可以得到证实。地球是太阳系中唯一有水的行星，关于地球上的水是如何产生的这一问题有以下几种说法。其一，水来自地球本身。从原始星云凝聚成行星时，地球内部释放出大量的氢气和氧气；加上太阳发出的粒子流，也给地球带来了氢气和氧气。这些气体通过化学反应，形成了水。其二，水是由组成地球的物质逐渐脱水、脱气而形成的。其三，水来自火山喷发。自地球诞生起，曾发生过无数次火山喷发，在喷出的气体中，水汽占75%，所以，有的科学家认为，地球上现有水至少有一半来自火山喷出的水汽。其四，水来自地球外部，是地球形成时从宇宙空间捕获而来。此外，还有人认为，地球上的水来源于宇宙空间的以冰的形式落到地球上的陨石，因为它的主要组成成分是冰。

对于这些说法，哪个才是最准确的，科学家们仍在进一步探索中。

河流是怎么形成的?

海洋里的水蒸发后会再降落下来，这时，有的蒸发和降落发生在海上，而有的却落到陆地上。于是，落到陆地上的水便自动找寻路径从高处向低处流动，如果路径比较固定，水流的蚀刻就会形成一道沟壑，便成了河流。其实，河流一开始可能是融化的雪水，也可能是地面上涌出的一股泉水，或是雨水所汇集的小溪。当水越聚越多，慢慢便形成了河流。河流一般是在高山地方做源头，然后向地势低处流，一直流入湖泊或海洋。

▼ 多瑙河

为什么我国河流大都自西向东流?

河流自西向东流，是由我国地势决定的。大家知道，我国的地势特点是西高东低，可分为三个阶梯，第一级阶梯是“世界屋脊”青藏高原，第二级阶梯是我国中部地区的盆地与高原，第三级阶梯则是东部地区低矮的丘陵和平原。俗话说，“人往高处走，水往低处流”，我国很多大江大河都发源于西部的高原，然后自西向东流向地势低平的东部，最后注入海洋。

海洋是怎么形成的?

在地球形成的过程中，聚集了许多水和矿物质。当地球形成后，大气层的水分降落到地面，加上地球内部的水分，便汇聚成许多水，由于水的质量比陆地上的泥土轻，所以地面上的大量的水环绕陆地不断向低的地方运动，这就是原始的海洋。最早的时候，海水不是咸的，而是带酸性。后来，水分不断蒸发，反复地形成云又变成雨，落回地面，经过亿万年的积累融合后，才变成了现在的咸的海洋。

▼ 蓝色海洋

▲ 大陆架

大陆架是怎么形成的?

大陆架是大陆向海洋的自然延伸，是陆地的一部分，后来因为海平面的高度发生变化，才使得原来大陆边缘的部分被海水淹没，变成现在这样。除了升降的海平面外，还有其他几个原因：第一，地壳的升降运动，会使陆地下沉，淹没在水下，形成大陆架；第二，河流里的泥沙把起伏不平的海底逐渐填平淤高，会形成地形平坦、沉积层单一的大陆架；第三，海水冲击海岸，产生海蚀平台，淹没在水下，也能形成大陆架。

大陆架多分布在太平洋西岸、大西洋北部两岸、北冰洋边缘等地区，被称为“水下平原”。如果把大陆架海域的水全部抽光，使大陆架完全成为陆地，那么大陆架的面貌与大陆基本上是一样的。

什么是洋中脊？

洋中脊隆起于洋底中部，并贯穿整个世界大洋。其中，大西洋中脊位于大西洋中部，呈S形展布，与大西洋东西两岸大体平行，向北延伸，穿过冰岛，与北冰洋中脊相连接。印度洋中脊分为3支：西南的一支绕过非洲南端，与大西洋中脊连接起来，而东南走向的一支绕过大洋洲以后，与东太平洋隆起的南端相衔接，这两支洋脊在印度洋中部靠拢，在印度洋北部合二为一，并向西北倾斜，构成一个大大的"人"字形，成为印度洋的"骨架"。太平洋洋脊则有点特殊，它不在太平洋中间，而是偏于大洋的东侧，它从北美洲西部海域起，向南延伸呈弧形走向，转向秘鲁外海，向南接近南极洲，通过南太平洋，然后折向西绕过澳大利亚，与印度洋洋脊的东南支衔接起来。从此可以看出，洋中脊都是彼此互相联结的一个整体，它们构成了地球上最长、最宽的环球性洋中山系。有资料显示，洋中脊总长度约80000千米，宽度可超过1000千米，约占整个海洋面积的1/3，相当于陆地山脉的总和。

▼ 大洋中脊

part 3

地球上的宝贵资源

▲ 鱼化石

化石是怎么形成的?

当动物、植物死后，它们的尸体会随着泥沙的沉积被埋入地下深处。由于地底下的压力大，温度高，沉积的泥沙逐渐变成岩石，而动、植物的坚硬部分也随之变得像岩石一样坚硬，最后原本柔软的叶子会在地层中留下印迹。由此，化石就形成了。化石形成后，不管地球上发生怎样的变化，它也不会改变，所以科学家们利用化石来了解地球的历史。比如，科学家们在喜马拉雅山上找到了龙鱼的化石，而龙鱼是 2 亿多年前生活在海洋中的动物，从而证明了喜马拉雅山区在 2 亿多年前是一片汪洋大海。

什么是溶洞？

很多溶洞都是著名的旅游胜地，如我国杭州的瑶琳仙境、桂林的七星岩等。这些引人入胜的溶洞是怎样形成的呢？

经考察，这些地方都是一片片面积很大而又非常厚的石灰岩山地，石灰岩的主要成分是碳酸钙，很容易被含有二氧化碳的水溶解，并随水流走。天长日久，流水就会把岩石的裂缝和小孔侵蚀成大小不等的洞穴。这些洞穴中的水分经不断蒸发和沉淀，形成各式各样的石笋和钟乳石。但是，溶洞并不是随处可见，在我国主要集中在南方，这是因为，石灰岩只有在南方高温多雨的条件下才比较容易溶解，利于溶洞形成。

▼ 溶洞

海中为什么会有“蓝洞”呢?

大蓝洞是一个石灰岩洞，外观呈圆形，直径约为 318 米，洞深约 125 米，大概形成于 200 万年前的冰河时代。那时，寒冷的气候将水冻结在地球的冰冠和冰川中，导致海平面大幅下降，因为淡水和海水的交相侵蚀，一些石灰质地带形成了许多岩溶空洞。大蓝洞所在位置也曾是一个巨大岩洞，而洞顶因重力及地震等原因坍塌，成为一个敞开的竖井。后来，冰雪消融，海平面上升，海水便倒灌入竖井，形成了海中嵌湖的奇观。由于水深达 145 米，洞呈深蓝色，所以叫作“蓝洞”。

▼ 位于意大利的卡碧岛蓝洞奇观

▲ 石英结晶体

为什么有些洞生长水晶？

在墨西哥北部的奇瓦瓦沙漠奈加山脉下 304.8 米的深处，有一个巨大的水晶洞，洞内含有许多巨大的水晶柱，这些半透明的巨型水晶长度达 11 米，重达 55 吨。为什么水晶在这里能长得如此大呢？

经研究发现，从水晶洞再往下 5000 米就是炽热的熔岩岩浆，正是这种独特的条件造就了这些巨型晶体，在地球上的其他地方发现类似水晶洞的可能性极小。

为什么土壤的上下温度不同？

这主要与土壤传递热量的功能差有关。盛夏最热时，地面上热波不能很快地传递到土壤深层，而是只能慢慢向下传递，这就使得地下层离地面近，最热期的到来和地上最热期的出现时间比较接近；离地面越远，最热期的出现时间和地面相差越大。同理，当地面上最冷的时候，冷波也不能很快影响到土壤深层，地底下出现的最冷时期要比地面迟很多。所以，在地面最热的时候，土层非常凉快；而地面最冷的时候，土层深处温暖宜人。根据这个规律，井水和较深的地下水是冬暖夏凉的。而在冬天，由于地底下比地面上暖和，在我国北方人们常把蔬菜等储藏在地窖里，同样，蛇等小动物也能凭借暖暖的地下环境安全过冬。

▼ 土地资源的存在为人类的生活提供了保障

▲ 森林是地球上的“天然氧吧”

为什么森林被称为“地球之肺”？

我们的肺是用来呼吸的，那么森林被称为“地球之肺”自然也是因为它能够呼吸。森林中拥有无数的绿色植物，这些绿色植物不但能转化太阳能而形成各种有机物，还能靠光合作用吸收大量的二氧化碳和放出氧气，从而维系大气中的二氧化碳和氧气的平衡，使人类不断地获得新鲜空气。因此，生物学家们将森林称为“地球之肺”。

▲ 森林地区雨水多

为什么森林地区雨水多?

降水的多少，是由水汽的数量决定的。森林之所以多雨，主要是因为水汽多。那么，森林地区的水汽从哪儿来的呢?

第一，植物的蒸腾作用。它们在生长发育中，利用根系不停地吸收地下的水分，然后将水分不停地通过枝叶散发到了天空，所以林区上空的水汽量很大。第二，森林地区的土壤渗水性与植被保水性强，能为植物蒸腾提供足够水分。第三，林区降雨时，会有一部分水被林冠阻截，水分蒸发到空气中，便增加了森林上空的水汽。此外，森林比平地高，当平流的空气向林区移动时，会受到起伏不平的林冠阻碍，从而在动力作用下被迫上升，使森林上空的空气垂直交换运动加强。林冠表面的湿空气迅速上升，在上升过程中因气温降低便会大量凝结，形成降雨。正是受这几个因素的影响，森林地区的降雨明显较多。

森林真能净化废水吗?

森林是个“绿色宝库”，它不但能成云致雨，防风固沙，还能净化废水。这是因为，在废水中含有大量的磷、钙、钾和镁等矿物质，这些物质是树木生长过程中不可缺少的养料。而且，森林中的许多树木还可以分泌杀菌素，杀死废水中的有毒细菌和病菌，同时阳光中的紫外线也具有杀菌作用，这样废水中的有毒成分就逐渐消失了，即便流入地下或者河流中也不会造成污染。当然，森林的净化作用是有限的，假如废水过多，超过了森林净化废水能力，也会对森林造成污染。

▼ 森林的净化废水功能对环境的保护起到了重要作用

▲ 硅化木就是被硅质物质石化的植物树干化石

什么是硅化木?

硅化木也被称为木化石。数亿年前，一些树木因种种因素被深埋入地下，此后经过了千万年，这些树木在含有二氧化硅的地下水高温高压作用下，树干被硅化，逐渐形成质地坚硬的硅化木。据地质学家称，硅化木从古生代石炭纪开始（始于距今 3.55 亿年）到中生代白垩纪（结束于距今 6500 万年）之间均有分布。而且种类繁多，现在可辨认的有松树、柏树、桃树、银杏和枣树等，树身、树干、树根乃至果核都保存得极为完整。此外，硅化木石质细腻，里面还有红、黄、绿等不同色泽的硅质天然形成的纹路，一般为碧玉纹路状，少量犹如玛瑙，具有很高的艺术价值和观赏价值。

为什么说草原是地球的“皮肤”？

草原被称为“地球的皮肤”，是地球的温度调节器。据研究，当太阳短波辐射透过大气射到地面，使地面增暖后放出长波辐射，然后被大气中的二氧化碳等物质所吸收，就会引起大气变暖现象。而草原覆盖在地球表面，可以减少地面长波辐射，从而减缓大气变暖。举例来说，我国有 2/5 的国土被草原植被覆盖，那么就是有 2/5 的地面为草原植被所保护。所以，把草原称作“地球的皮肤”是十分恰当的。

▼ 绿色的草原也给地球增添了色彩

为什么草原是人类家园的重要屏障?

草原是地球上面积最大的绿色资源，它占据着地球上森林与荒漠、冰原之间的广阔地带，覆盖着地球上许多不能生长森林、生态环境较严酷的地区。草原维持了地球上最丰富多彩的生命群体，拥有大面积的可食牧草，土壤层中还沉积了大量有机物质，是一个巨大的碳库。作为陆地生态系统的重要主体，草原上的植物贴地面生长，能很好地覆盖地面，而绝大多数植物的根系较为发达，能深深地植入土壤中，牢牢地将土壤固定，从而防止土地沙漠化、水土流失、盐渍化和旱化，是全球生态环境稳定的保障。此外，完好的天然草原较空旷裸地具有很高的渗透性和保水能力，能通过对温度、降水的影响，缓冲极端气候，维持大气化学平衡与稳定，抑制温室效应，同时还能减缓噪声、吸附粉尘、去除空气中的污染物等，从而起到改善环境、净化空气的作用。而且，草原无论是遭遇水淹、冰冻，还是火烧，草都能顽强地生长出来，使地球表面永远焕发着勃勃生机。

▼草的生命力极为旺盛

▲ 鄱阳湖湿地

为什么将湿地称为“地球之肾”？

所谓湿地，就是常年积水和过湿的土地。在地球上，湿地分布范围很广，从寒带到热带，从沿海到内陆，从平原到高山，到处都有湿地的影子。湿地是陆地上的天然蓄水库，具有抵御洪水、调节径流、调节气候等重要作用。而且，湿地生态系统大量介于水陆之间，具有丰富的动植物物种，是珍稀水禽的繁殖地和越冬地，被称为“鸟类的乐园”。此外，湿地能够分解、净化环境污染物，起到“排毒”“解毒”的作用，并被人们称为“地球之肾”。千百年来，广阔的湿地为人类的生活带来了极大的益处。所以，假如地球没有了湿地，就像人被割去了肾脏一样，所以湿地对地球来说是十分珍贵的资源。

▲ 许多动物喜欢栖息在沼泽地

沼泽为什么被称为“绿色陷阱”？

沼泽的形成原因很多，有些是由江河湖海的边缘或浅水地区泥沙淤塞、泥炭堆积而形成的，有些是由森林地带、高山草甸、洼地和永久冻土带中地下水聚集而形成的，而有些则是由湖泊淤积变浅而形成的。其中，沼泽的形成主要是由湖泊变化来的。我们知道，河流中带有许多泥沙，这些泥沙会在水流变慢的地方沉积下来，并慢慢生长起许多植物。久而久之，湖泊逐渐缩小，就形成了沼泽。

沼泽可能形成于河边水草生长的地带，也可能形成于沿海被海水经常淹没的地方，此外杂草、芦苇丛生的地方，乃至陆地上都有可能出现沼泽。有的沼泽地下面是无底的泥潭，看上去好像绿色的地毯，但人一踏上去就会陷进去。于是，人们把沼泽地称作“绿色陷阱”。虽然沼泽对人类来说危险重重，但却是一些小动物生活的乐土。

湖泊是怎么形成的?

一般来说，湖泊既是陷落洼地，又有冰川刨蚀痕迹。比如，在内蒙古高原地区，多数湖泊是由于当地气候干燥，风力强劲，地表疏松的沙土遭到强劲的风力吹蚀，渐渐低陷形成。而青藏高原上的湖泊，多数是在地壳构造活动陷落的基础上，又加上冰川活动的影响造成的。一些大山区的湖泊，往往是因为原来河道被堆积物堵塞，河水不能下泄，而汇聚成湖。

▼ 位于加拿大的安大略湖

▲ 芬兰塞马湖

地球上湖泊最多的地方在哪儿?

据统计，芬兰境内有大小湖泊达 6 万多个，是世界上湖泊最多的国家。为什么芬兰的湖泊有这么多？这要从它所处的自然地理环境说起。

首先，芬兰靠近北极圈，几十万年以前，这里曾被冰层封冻，巨大冰层本身的沉重压力使地面下陷，从而造成地面凹凸不平。此外，大约距今 1 万年时，芬兰的气候逐渐转暖，覆盖在地面上的冰层开始融化。在融化时，那些原本被冻结在冰块中的泥沙砾石就堆在地面上，使地面变得更加坑坑洼洼。当冰层彻底融化，一部分水存储在低洼地，一部分水流进江河。此后，低洼地的水虽然在蒸发，但降水也不断在补充。久而久之，宛如繁星似的湖泊就在芬兰出现了。

为什么我国长江中下游一带湖泊特别多?

其实，在地球最近的历史阶段，长江中游平原是一个地壳发生下降运动的地区，曾经形成过巨大的洼地，出现过远比今天的规模大得多的湖泊。如我国古代有个著名的云梦大泽，就分布在湖北和湖南的交界处。后来，由于河流带来的泥沙不断淤积，将湖底垫高，原来的大湖终于被分割成许多较小的湖泊了。而在长江中下游地区，泥沙的淤积作用发生于古代的大海，像著名的西湖、太湖，原来本是海洋的一部分，结果因为泥沙在海滨堆积起沙洲沙坝，它们逐渐与海隔绝，沙洲沙坝越积越多，成为大片的陆地，它们也就变成了淡水湖。现在，这种泥沙填海的运动仍然在进行，但湖泊的形成需要一个漫长的过程，很难在短时间观察到。

现在的西湖

▲ 位于俄罗斯堪察加半岛的地热资源

为什么说地下有个“大热库”？

从地面往下，随着深度的增加，温度也不断增高。据科学家测算，地幔上层的温度约1200℃，而地核中心的温度可达到6000℃以上。地球内部时刻都在向地面散发着巨大热量，其中喷出地面的温泉和火山爆发喷出的岩浆就是地热的具体表现。有人估计，每年从地球内部传到地球表面的热能相当于1000亿桶石油燃烧时散发的热量，而地热资源总量相当于世界年能源销量的400多万倍。所以，科学家们常说，地下有个“大热库”。

为什么冰岛首都被称为“无烟城市”？

冰岛首都是雷克雅未克，它之所以被称为“无烟城市”，是因为市内含有丰富的地热资源。雷克雅未克地处北极圈附近，拥有许多温泉和喷气孔，早在 1928 年冰岛人就在这里建起了地热供热系统，为全市居民提供热水和暖气。因为地热能为城市的工业提供能源，所以我们在雷克雅未克看不到其他城市里常见的锅炉和烟囱，城市里的天空蔚蓝，空气清新，几乎没有任何污染。

▼ 冰岛间歇泉

▲ 冒着热气的温泉

温泉水为什么是热的？

温泉从地下涌出来，是天然的热水。大部分温泉的形成都与岩浆的作用有关。岩浆处在地下很深很深的地方，非常灼热。当地壳内冷却时，岩浆就会放出热气，大量的热气可以加热岩层中的水分，热气还会推动热气不断向上涌，最后沿着地面缝隙喷出地表，形成温泉。温泉到达地表后，温度仍然很高，比如新西兰陶波的一些温泉甚至可以将生的食物煮熟。

温泉水为什么会呈现不同颜色？

泡过温泉的人都知道，温泉的颜色有很多种，如绿色、黄色、褐色等。其实，这些颜色是因为温泉中含有不同的矿物质。比如，含碳酸钙的温泉水呈白色，含硫酸钠的温泉水呈淡褐色，含硫酸铁的温泉水呈淡绿色，含硅酸盐的温泉水呈青色。这些矿物质的含量与该地区的地质结构有关，泉水流过时溶解了这些物质。

▼ 火山喷发而形成的热泉

▲ 伊瓜苏大瀑布

瀑布是怎么形成的？

瀑布在地质学上叫作“跌水”，即河水在流经断层、凹陷等地区时垂直地跌落。形成的原因是，河床底部的岩石软硬程度不同，在流水经过时会对岩石冲击和侵蚀，造成很大的地势差，由此便形成了瀑布。在河流的时段内，瀑布是一种暂时性的特征，最终会消失。任何水量和落差大的瀑布的共同特征是，都有由瀑布跌落底部掏蚀成的深潭。有时，潭的深度几乎等于产生瀑布峭壁的高度，而且深潭会造成峭壁暴露的表面坍塌和瀑布的后撤，最终导致瀑布消失。

为什么黄河壶口瀑布会“走”？

壶口瀑布是黄河干流上唯一的瀑布，最初形成于龙门，后来迅速北移，才到达今天的陕西宜川县和山西吉县之间。经研究，使壶口瀑布后退速度快的主要原因是，河床岩层由厚层砂岩夹薄层页岩构成，页岩抗蚀力明显弱于砂岩。这种抗蚀力较弱、呈相间分布的岩层，极易形成瀑布，而且后退速度较快。此外，由于黄河中泥沙含量大，增强了水流的冲击力和磨蚀力。所以，河床抗蚀力弱、水量大、含沙量较高就是壶口瀑布会“走”的原因。现在，随着黄河水量日益减少，瀑布的后退速度也逐渐减小。

▼ 壮观的壶口瀑布

▲ 九寨沟瀑布

为什么九寨沟“层湖叠瀑”？

九寨沟“层湖叠瀑”的组合是流水结合当地特殊的自然条件，通过侵蚀、搬运、沉积等形成的。具体形成过程大体上分为两个阶段：首先，泥石流突然爆发，堵塞河道，形成拦截河水的“垄岗”；其次，富含溶解钙的河水，不断地在“垄岗”上沉淀钙化，使泥石垄岗变成钙化坝或钙化滩，坝上形成湖泊，湖水溢出，倾泻而下，就形成了瀑布或滩流。所以，九寨沟的溪流和含钙质的泉水是形成“层湖叠瀑”的重要条件。

赤道附近为什么会有雪山?

赤道十分炎热，但在赤道附近依旧有雪山存在。这听起来有点不可思议，但事实上，雪山的地点与纬度没有关系，其关键是海拔，海拔越高，温度越低，山顶上就会有积雪。比如赤道附近的乞力马扎罗山，山顶终年白雪皑皑，就是因为地势高，山顶的温度在 0℃以下所致。

▼ 乞力马扎罗山

▲ 冰川

冰川是怎么形成的?

在南极和北极或一些高山地区，由于气温很低，使得白天融化的雪到了晚上又冻成了冰晶。冰晶同雪花结成粒雪，粒雪经过进一步合并压实，就变成了白色透明的粒冰。粒冰继续受压，逐渐变成块冰，也就是冰川冰。雪花——粒雪——粒冰——块冰的形成过程，在冰川学上叫作“成冰作用”。这一过程非常缓慢，一般需要数十年，甚至数百年，而且冰川冰的年龄越大，冰体越显得清澈灿烂。当冰川冰积累到一定厚度，受重力作用就从高处向低处流动，形成冰川。冰川形成还有个必备条件，就是积雪区的高度要超过雪线。雪线是每年降雪刚好当年融化完的海拔高度，如果一个地区没有超过雪线，那就不可能形成冰川。冰川是地球上最大的淡水水库，全球 70% 的淡水储存在冰川中。

冰川为什么是蓝色的?

在遥远的极地和高山地区，存在着大量冰川，这些冰川从外面看和雪一样白，但从里面看却像天空一样幽蓝。为什么我们常见的冰是白色透明的，而冰川冰却是蓝色的?

归纳来说，原因有两个：冰的光谱吸收和冰中的气体。我们知道，水吸收红光和橙色光强于吸收绿色和蓝色光，所以，深水池的颜色比浅的更蓝。冰和水一样，且冰越厚吸收的红色和橙色光越多，而它看起来更蓝。更何况冰川冰不全是由水结冰而成，其中还含有大量空气。经年累月之后，冰川冰变得更加致密坚硬，里面的气泡也逐渐减少，这时波长较长的红橙光由于衍射能力强，可穿透，而蓝光波长较短被散射，所以冰川冰就呈现出蓝色。这和天、海呈蓝色是一个道理。

▼ 位于北极的兰伯特冰川一角

▲ 地球内部含有丰富的矿产资源

地球上的矿物是怎么形成的?

在自然界里，我们常看到各种各样的矿物。矿物是地球上的宝藏，为我们的日常生活提供了原材料和能量资源。比如煤炭，是供暖和发电的主要原料，石油是制造汽油的原材料等。那么，矿物是怎么形成的呢?

其一，是通过岩浆的活动形成的。岩浆里含有各种元素，这些元素在岩浆的高温熔融条件下发生化学变化，会形成多种化合物和一些单质。由于地下各处岩浆的化学成分不一样，还有岩浆在冷却时温度、压力等条件都在发生变化，而一定环境只适于一定的矿物生成，所以，由岩浆活动形成的矿物种类多样。其二，是通过水和大气（有时还有生物的作用）作用，使已经形成的矿物发生化学变化，形成各种次生矿物。比如，高岭石就是由长石、云母等与水作用，经风化形成的。

煤是怎么形成的?

煤形成于远古时期，最初是千百万年来植物的枝叶和根茎在适当的地质环境中逐渐堆积而成的一层极厚的黑色的腐殖质；随着地壳的变动，这些腐殖质不断地被埋入地下，长期与空气隔绝，并在高温高压下发生一系列复杂的物理化学变化等过程，最终形成黑色可燃沉积岩。由于埋深和埋藏时间的差异，形成的煤也不一样。

▼ 无数年前，一些树木等植物变成了今天的煤，而今天的树木或许若干年后也会是一样的命运

▲ 天然琥珀

为什么琥珀中会有小虫?

琥珀是树木中的油脂凝集沉积形成的。在 4000 万 ~ 5000 万年前的森林里生活着许多小昆虫，当树木上流下的树脂正巧粘住了一只小虫，那么不断滴下的树脂会把小虫厚实地裹在里面。在千万年的地质作用下，树脂变得坚固，并成为矿物。但树脂的化学性质非常稳定，不易变化，不仅仍保持它原来的颜色和透明度，表面保留着当初树脂流动时产生的纹路，而且内部可经常发现气泡以及小虫。所以，琥珀中能保留有小虫，是由树脂的化学性质决定的。

石油是怎么形成的?

石油的原料是深埋在地下的生物的尸体。一般来说，腐烂的生物体会合成二氧化碳，但如果遇上地震、山体滑坡等地质变动，一些生物的遗体就会被埋在地底下。此后，经过数百万乃至上亿年的沉积后，这些远古的动植物的残骸在缺氧环境下，经细菌作用将碳水化合物中的氧逐渐消耗掉，并随着地壳运动的变化越埋越深，逐渐受热分解，就形成一种特殊状态的物质——石油。

▼ 石油是工业的“血液”

▲ 冰洞中也可能储藏着大量的可燃气体

“地狱之门”的天然气会烧尽吗?

实际上，“地狱之门”是一个地下溶洞，位于土库曼斯坦中北部地区。1974 年，地理科学家们在钻探天然气资源时发现了这个洞穴，当时洞穴中充满了天然气，或者还有其他毒性气体。为了防止毒气从洞中逸出，科学家们点燃了洞口的气体，从此这个地下洞穴一直处于燃烧状态。目前，没有人知道洞穴里蕴藏着多少吨天然气，还会燃烧多少年，看起来似乎是无穷无尽的。

地层中有哪些金属矿物？

金属矿物是指能够提炼出一定量金属的岩石。地球给我们提供了很多金属矿物，比如铁、锰、铬、钒、钛等用作钢铁工业原料的矿产，比如有色金属铜、锡、锌、镍、钴、钨、钼、汞等，而铂、铑、金、银等因为在地壳中的储量非常少，又被称为“贵金属”。此外，轻金属矿产包括铝、镁等，稀有金属矿产包括锂、铍、稀土等。多数金属矿产的共同特点主要表现在质地坚硬、有光泽等方面。在自然界中，除了金和铜是独立存在的，不与其他元素结合，其他大多数金属都是从矿石中提炼出来的。

▼ 裸露在地表的磷矿

part 4

地球的生存与危机

生命起源于陆地还是海洋?

从现在的研究成果来看，生命起源于海洋。早在38亿年前，当陆地上还是一片荒芜时，在咆哮的海洋中就开始孕育了生命——最原始的细胞，其结构和现代细菌相似。大约经过了1亿年的进化，这些原始细胞逐渐演变成原始的单细胞藻类，这大概是最原始的生命。随着原始藻类的繁殖，并进行光合作用，产生了氧气和二氧化碳，为生命的进化提供了条件。这种原始单细胞藻类又经过亿万年的进化，产生了原始三叶虫、海绵和水母等，海洋中的鱼类大约出现在4亿年前。同时，由于当时大气中没有氧气，紫外线可以直达地面，但海水可以防止紫外线，所以生物首先在海洋里诞生。后来，由于月亮的引力作用，引起海洋潮汐现象，原本栖息在海洋中的某些生物被海浪冲上岸边，随着臭氧层的形成，那些留在陆地上的生命经过漫长的适应，逐渐得到发展。大约在2亿年前，陆地上出现了爬行类、两栖类、鸟类，而在大约300万年前，具有高度智慧的人类也出现在了地球上。

▼ 三叶虫化石

▲ 原始森林中的蕨类植物

地球上什么时候开始有植物的?

大约在 4.25 亿年前，陆地上出现了一些小的绿色植物。这种植物看起来就像现在长在阴暗潮湿环境下的苔藓。到了大约 4 亿年前，较复杂的植物开始出现，而蕨类是最早的根、茎、叶俱全的植物。松树和其他针叶树出现得较晚，大约在 3 亿年前，这些树的种子都结在球形果上。第一棵开花植物出现于 1.5 亿年前。现在，我们到处都可以看到各种各样的植物。

地球上的氧气是哪儿来的？

在地球大气中，与人类关系最为密切的就是氧气了。然而，大气中的氧气是从哪儿来的呢？

长期以来，很大一部分人认为，地球上的氧气主要来源于陆地上绿色植物的呼吸作用（即吸进二氧化碳，释放出氧气）。然而据最新研究发现，原始地球上最早的氧气来自地核，至今地核仍在不断把氧气通过海洋释放到大气层中去。研究还发现，海底中的氧气与植物释放出来的氧气、大气层中的氧气并不相同，而且一份植物释放出来的氧气和两份来自地核的氧气相混合，恰好与大气层中氧气的气体构成相吻合。所以，科学家们认为，大气层中 2/3 的氧气来自地核，另外的 1/3 来自植物。

▼ 植物可以释放氧气

假如空气中全是氧气会怎么样？

▲ 氧气

氧气也叫“火的空气”，是物质燃烧所必需的物质，如人类发射大型火箭就是利用了氧气的巨大爆发力。所以，假如空气中全是氧气，那么地表岩石的风化会更加恶劣，出现红土、红石，当我们点火的时候就很容易发生爆炸。更可怕的是，人和动物的呼吸也会受到严重影响，而那些需要从二氧化碳中摄取营养的植物或厌氧的生物则会面临灭绝，久而久之，人类的生存环境就会变得十分恶劣，无法生存。

为什么离地面越高，空气越稀薄？

空气的浓密或稀薄，是由空气的密度决定的。空气的密度越大，空气越浓密；空气的密度越小，空气就越稀薄。我们知道，空气是可以压缩的气体，上层的空气压在下层的上面，下层空气的密度就变大了。而离地面越高的地方，受到上层空气的压力越小，所以密度小。密度小，空气就稀薄，氧气含量也越少。所以，我们在登高时，越往高处攀登，越是感觉喘不过气来，也有此原因。

◀ 空气的密度小，空气就稀薄

如果地球上没有大气层会怎么样？

对地球来说，大气层至关重要，不可或缺。首先，大气层可以提供氧气，使地球上的生物得以生存。其次，大气层具有保护作用，可以防止来自太空的陨石毁坏地球表面，同时还能阻挡紫外线对地面的辐射。再者，大气层还具有保温作用，可使地球上的温度保持稳定。换句话说，如果没有大气，地球上便不会有生命。

▼ 没有大气，地球将会毁灭

▲ 臭氧层就像地球的一层防护服，时刻保护着地球以及地球生物

什么是臭氧层?

臭氧层指的是大气层的平流层中臭氧浓度相对较高的部分，大概分布在高出海平面 20 ~ 50 千米的范围内。臭氧层中的臭氧主要是紫外线制造出来的，呈蓝色，有特殊的臭味。在大气层中，臭氧只占 1%，如果在 0℃的温度下，把地球大气层中所有的臭氧全部压缩到一个标准大气压，只能形成约 3 毫米厚的一层气体。但就是这薄薄的一层气体，对地球来说却至关重要。臭氧能够吸收太阳中的紫外线，使地球上的生物免受伤害。而且，它还能杀死细菌，并能促成人体内合成维生素 D，以防止佝偻病的产生。所以，臭氧层犹如一件保护伞，保护着地球上的生命。

“冷在三九，热在三伏”的原因是什么？

“三九”是指冬至以后的第三个九天，“三伏”一般是从夏至后的第三个庚日算起。冬至时，北半球白昼最短、黑夜最长，以后太阳光照的时间开始增加，但地面热量散发仍大于吸收。所以，地面气温继续降低，到了地面吸收太阳辐射的热量等于地面散发的热量时，气温才达到最冷，这个时间约在 1 月 12 日至 20 日前后，这就是我们所说的“冷在三九”。同理，夏至那天，我国大部分地区白昼最长，正午太阳高度最高，太阳辐射最强，地面吸收的热量仍大于散发的热量，地面气温还在继续不断攀升。到了 7 月下旬前后，大气吸收的热量等于散发的热量，大部分地区气温达到最高，这就是所谓的“热在三伏”。

▼ 三伏天引起的干旱

▲ 如果没有了太阳，地球上的一切生命活动都要停止

为什么地球离不开太阳？

太阳是地球的能量源泉，如果没有太阳，地球上会变得黑暗和寒冷。然而，每颗恒星都是有寿命的，当它度过自己的一生后，会以爆炸的形式灭亡。太阳也一样。据科学家测算，太阳的寿命可达100多亿年，目前正处于稳定而旺盛的中年时期。而且据推算，太阳内的燃料足够太阳燃烧40亿～50亿年。这个年限如此之长，现在的人们完全可以高枕无忧。

为什么南极是地球上最冷的地方？

南极和北极是地球上最冷的地方，但二者相比，南极比北极还要冷。因为南极是一个四面环海的冰原大陆，冰原上极为寒冷，最低气温能达到 −90℃。不仅如此，南极还是世界上风力最大的地区，平均一年中有 300 天会刮 8 级以上的大风。南极没有四季，只有暖、寒两季。暖季为 11 月至次年 3 月，此时内陆地区平均温度为 −20 ～ −30℃，沿岸地带平均温度也多在 0℃以下；寒季为 4 月至 10 月，此时内陆地区为 −40 ～ −70℃，沿岸地带也多为 −20 ～ −30℃。

▼ 南极冰层

▲ 赤道线——南北半球，仅一线之隔

赤道是地球上最热的地方吗？

赤道地区获得太阳的光热最多，却不是最热的地方。这是因为，赤道地区大多被海洋占据，广阔的赤道洋面能把太阳的热量传向海洋深处，海洋的热容量大，水温升高比陆地慢，海水蒸发需要消耗大量的热量，所以，赤道地区的温度不会急剧上升。以赤道横穿国境的厄瓜多尔来说，这里森林茂密，河流众多，气候凉爽，充分证明了赤道不是最热的地方的说法。

地球上最热的地方在哪里？

地球上最热的地方不在赤道，而是在北半球副热带。因为北半球的一些地区空气十分干燥，在强烈的阳光照射下，沙漠地带吸热快，沙粒最热时达 80℃以上，连鸡蛋埋在沙里都会被烤熟。尤其在北半球的夏天，太阳直射北回归线附近，强烈的阳光整日照耀着干燥的地面，把地面烤得火热；而有些地方除了干燥，还地处低洼，四面高山围绕，热量不易散发，地球上最热的地方便常出现在这里。

▼ 撒哈拉沙漠是地球上最热的地方之一

▲ 因纽特人一般养狗，因为狗拉的雪橇是他们的交通工具

为什么因纽特人要住冰屋？

因纽特人就是爱斯基摩人，大多居住在北极圈内的格陵兰岛、美国的阿拉斯加和加拿大的北冰洋沿岸。我们知道，北极地区天气终年酷寒，只有很短的时间气温能超过 0℃，而因纽特人却可以凭着冰屋度过漫长的严冬。

冰屋能抵御严寒的原因有三个：一是冰能很好地隔热，屋里的热量几乎不能通过冰墙传导到外边；二是冰屋结实不透风，可以抵挡寒风；三是冻结成一体的冰屋没有窗子，而门口挂着兽皮门帘，就可以大大减少屋内外空气的对流。这样一来，冰屋里的温度可保持在零下几摄氏度或者零下十几摄氏度，这相对于 −50℃的野外要暖和多了。爱斯基摩人再穿上皮衣，就可以熬过寒冬了。夏天时，北极圈内的气温上升，冰屋会慢慢融化，所以爱斯基摩人每年过冬都要建造新的冰屋。

为什么会刮风？

由于地球表面各个部分受热不均，所以当阳光晒热了地面，各地空气温度也就有高有低。当两个地区气温不同时，气温高的地区的空气轻会往上升，气温低的地区空气重则往下降，这就形成了空气的对流。空气流动会使低空中的空气从气温低的地区流向气温高的地区，而使高空中的空气从气温高的地区流向气温低的地区，这就是风。所以，风是因空气流动形成的。

▼ 起风时，树枝随风摆动

▲ 带电粒子对大气的轰击会产生大量的云层

云是从哪里来的？

天上的云彩千变万化，那么，云是怎么形成的呢？形成云的原因也有很多，主要是由于潮湿空气上升形成的。

地面上的水在太阳的照射下会变成水蒸气，水蒸气随着地面上的热空气一起上升到空中。当上升空气的饱和水汽压下降时，就会有一部分水汽以空中的尘埃为核而凝结成为小水滴。这些小水滴非常轻，但浓度却很大，在空气中下降的速度极慢。就这样，它们被上升的空气托着，在空中飘来飘去，当大量小水滴聚集在一起时，便形成了天上的云。

只有地球上有云彩吗？

因为云是由大气中的水蒸气形成的，所以除了没有大气的月亮和重量只有地球 1/20 的水星上没有云彩，其他类地行星上都有云彩。其中，巨行星类的木星、土星等的云的特点是厚度在 1000 千米以上，并且是低温，从上至下形成的固体氨、硫化氨、水（冰）层，因对流而显现出花条纹状。在火星上，因沙暴形成的沙云十分有名，据飞船观测，火星上有相当于地球上大气 1/5 的稀薄大气，也有少量的水蒸气，所以能形成像地球那样的冰云。而金星上，在 95%是二氧化碳的大气中，云的厚度达 50 千米，云层的上方温度为 -20℃，不能形成干冰，所以是液体的颗粒云。

▼ 类地行星都有云彩

▲ 露珠

为什么早晨花草上会有露水?

白天气温较高的情况下，夜晚温度就会有所下降，这时，空气中的水分就会遇冷凝结。一般水在可润湿固体表面凝结时，容易铺展开来渗透进去，所以在墙壁、路面、老树干等上面看不到水珠；而水对多数植物的新鲜茎叶的润湿能力一般较差，所以水珠会以椭圆形球状凝结；如果茎叶表皮茸毛符合一定排列规律的话，水的润湿能力还将更差，所以，我们能在花草叶上看到球形水珠。在早晨9点以后，露水会随着阳光的照射和温度的升高而自动消失。

为什么雨水不能喝？

雨水来源于大自然，但是却不能喝。因为雨水中含有大量有害物质。这些物质本来存在于大气层中，其中包括工厂大烟囱和汽车等不断排向大气的一些有害气体，如二氧化硫、氮氧化合物、碳氢化合物等，还有许多微小的粉尘、没有燃烧尽的小煤灰渣等。此外，在刮大风时，被大风带入空中的地面浮尘，也会对大气造成污染。下雨时，大气层中这些物质黏附、溶解在雨滴中，和雨滴一起降落到地面上。所以，雨水不能喝。

▼ 如果空气含酸量过大，则会形成酸雨，会严重危害植物

▶ 闪电

为什么会出现打雷闪电?

下雨时，云层上部带正电荷，云层下部带负电荷。当两种带不同电荷的云接近时，便互相吸引而出现闪电。在闪电的冲击下，周围的大气和水汽剧烈膨胀，周围的空气迅速受热、膨胀，并且发出很大的声音，这就是雷声。打雷和闪电是在同一过程中发生的，但由于光在空气中的传播速度比声音快，所以，我们通常在闪电过后几秒或十几秒才能听到雷声。

为什么避雷针能避雷?

避雷针是由“接闪器”、“引下线”和“接地体”三部分组成，最上面的金属针叫接闪器，埋在地下的金属体叫接地体，连接接闪器和接地体的金属连线叫引下线。为什么这样一个装置就能避雷呢?

实际上，当雷电发生时，避雷针是把云中的电荷吸引到自己“头上”，然后通过引下线，将这些电荷泄入大地，从而保护建筑物免受雷击。所以，避雷针也可以叫作引雷针。

▼ 雷电交加的时刻

▲ 严重的冰雹会砸毁庄稼，损坏房屋，甚至砸伤人

为什么夏天会下冰雹?

夏天，太阳把地面晒得很热，地面的空气也非常热，但是高空的空气温度比较低，而且高度越高，温度越低。当空气中的水汽随着气流上升，水汽就会凝结成液体状的水滴。如果高度不断增高，水滴就会凝结成固体状的冰粒，冰粒会吸附附近的小冰粒或水滴而逐渐变大、变重。等到冰粒长得够大够重，上升气流无法负荷它的重量时，冰粒便会往下掉，形成冰雹。因为只有在气温很高的情况下才能有足够的上升气流，所以只有夏季会产生冰雹。

▲ 雾凇景观

为什么会出现雾凇奇观?

雾凇俗称树挂，它不是冰，也不是雪，常附着于树枝、电线等地面物体上。一般当过冷水滴（低于0℃）碰撞到同样低于冻结温度的物体，经过不断积聚冻结，就会形成雾凇。由于雾凇对温度和湿度的要求很高，所以很多地方的雾凇都不够理想，只有吉林雾凇以应时持久、分布密集、造型丰富享誉国内外。通常来说，雾凇是早上形成，而且过冷且云雾环绕的山顶上最容易形成。

为什么会下雪？

冬天温度低，地面温度一般都在 0℃以下，所以高空云层的温度就更低了。因此，云中的水汽直接凝结成小冰晶、小雪花，当这些雪花增大到一定程度，气流托不住它的时候，就会从云层里掉到地面上，这就是雪。如果有较强的上升气流，空气的温度比较高，就像一只大手托着雪花似的，雪花在云层里长大的时间就会比较长，降下的雪花就比较大。雪花从云中下降到地面，可能多次合并而变得很大，鹅毛般的大雪就是这样形成的。当然，有时雪花互碰时不是互相合并在一起，而是碰破了，如此就形成了单个的“星枝”形状。

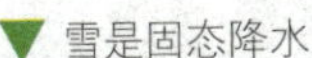
雪是固态降水

为什么会刮台风?

在表面温度超过 26℃以上的热带或副热带海洋上，由于近洋面气温高，大量空气膨胀上升，使近洋面气压降低，周围的空气便源源不断地补充流入进来。同时，在地球自转力的影响下，流入的空气旋转起来，就形成一个旋涡。而上升的热气流升入高空后变冷、凝结形成水滴时，要放出热量，又促使低层空气不断上升。这样一来，近洋面气压持续降低，空气旋转得更加猛烈，这样就形成了台风。

▼ 台风云图

▲ 台风眼区

为什么台风的风眼里没有风？

台风眼位于台风中心内，直径 10 千米左右。由于外围的空气旋转极快，外面的空气不易进到里面去，所以台风眼区的空气几乎是不旋转的，因此也就没有风。而且，台风眼区空气是下沉的，在下沉时会导致气温升高，使天空雨消云散，出现晴天，如果是夜晚还能看到一颗颗闪烁的星星。但是，这种晴好天气一般只能维持 6 个小时，等台风眼过去，接着又是狂风暴雨的恶劣天气。

为什么刮龙卷风?

龙卷风是一个猛烈旋转的空气旋涡，它的外形就像一个大漏斗。目前，关于龙卷风的成因还没有定论。一般认为，当强烈上升气流到达高空时，如遇到很大水平方向的风，就会迫使上升气流向下倒转，从而产生许多旋涡。在上下层空气进一步的激烈扰动下，这个旋涡会逐渐扩大，形成一个呈水平方向的空气旋转柱，转柱上端与云层相接，下端与地面或海面相接，这就是龙卷风。龙卷风经常伴随雷雨出现，虽然范围小，但它的内部空气稀薄，压力很低，就像一台巨大的吸尘器，直到风力减弱，才把吸进去的东西扔下来，破坏力很强。

▼ 龙卷风就像一个大漏斗

▲ 大漠中的沙尘暴

为什么会刮沙尘暴？

沙尘暴的形成需要满足 3 个条件，那就是沙尘源、强风和不稳定的大气层。沙尘是基础，强风是动力，那么大气层的稳定性跟沙尘暴有什么关系呢？通常来说，如果低层空气温度高，比较稳定，那么受风吹动的沙尘就不会被扬起很高；如果低层空气温度高，不稳定，那么风就会把沙尘扬起很高，形成沙尘暴。在我国北方地区，春季干旱少雨，土质疏松，加上气层的热力抬升作用，就很容易形成沙尘暴天气。沙尘暴的形成与许多因素有关，如地球温室效应、厄尔尼诺现象、森林大面积减少等，而森林、土地等自然资源缺少保护则是造成沙尘暴的主要原因。

▲ 黄河流域

为什么滔滔黄河会断流？

近几十年来，我国黄河流域曾多次发生断流现象，这在几千年来都是不多见的。那么，黄河为什么会发生断流？总起来说，主要有四点原因：第一，降水量减少。近年来，黄河流域降雨量明显减少，平均年径流量比长江、珠江、松花江都小，而且在枯水期时，黄河流域基本不下雨，不少支流都没水，干流的径流量也小，很容易发生断流。第二，太阳辐射。据观测，自 20 世纪 70 年代起，太阳辐射量不断增强，地球气温不断升高，蒸发量大，使黄河流域更加干旱。第三，随着黄河流域经济的不断发展，对黄河水资源的需求量越来越大，沿岸各地区饮用的黄河水量甚至能达到总水量的 70%，几乎把黄河“掏空”了。第四，由于灌溉方式落后，造成了很大程度的水浪费。

为什么要保护地下水？

由于受地下环境的限制，地下水的流量很小，流速很慢，而且水温也很低，所以如果地下水被污染后，水中的污染物质很难扩散。而且，地下水接触不到阳光，无法进行曝光净化和生物净化，所以被污染的部分恢复洁净必然需要一个十分漫长的过程。更严重的是，地下水一旦受到污染，就会对动植物的生存造成危害，甚至还会严重威胁到人类的健康。此外，滥取地下水也会引起土层变形、地面沉降等严重后果。因此，为了维护一个洁净健康的生存环境，我们需要保护地下水。

▼ 一般来说，植物都是通过根部来吸取土壤中的地下水，以维持旺盛的生命力

冰川融化地球会怎么样？

冰川融化与气候变暖有关。气候变暖，冰川就会融化，流入海里。我们知道，地球上有两大冰盖，一个是南极，一个是北极的格陵兰岛。如果这两个地方的冰全部融化，会导致海平面上升，使得一些沿海城市或地势较低的国家被淹没，而北极熊和企鹅等动物则会濒临灭绝。

▼ 冰川融化，北极熊将无家可归

▲ 由飓风引发的海啸

为什么发生海啸?

有时候尽管海上没有风暴，平静的大海也会突然咆哮起来，掀起一排排高达数米的巨浪，这就是海啸。对于海啸的发生，我们需要从海底找原因。通常海啸是由于海底地壳发生断裂形成的，当海底地壳上升或下陷，就会引起剧烈的振动，从而产生巨大的波浪。波浪传到岸边，就会使水位突然上涨，冲向陆地，形成海啸。此外，海底火山爆发、台风、水下坍塌和滑坡也会引起海啸。海啸发生前，岸边的海水常会出现异常增高或降低，预示着海啸即将来临。

火山为什么爆发？

地球内部的温度非常高，甚至可以熔化大部分岩石。岩石熔化后，便以液体的形态存在，这就是岩浆。岩浆温度很高，平时由于地下的巨大压力，被地壳紧紧包住，很难自由流动。但地球内部的压力大小不一，比如在地壳较薄或有裂隙的地方，地下的压力相对较小，岩浆中的气体和水就有可能分离出来，加强岩浆的活动力，推动岩浆冲出地表。岩浆冲出地面，其中的气体和水蒸气迅速分离，体积急剧膨胀，火山喷发就发生了。

▼ 正在喷发的皮纳图博火山

▲ 日本云仙岳火山喷发场景

为什么日本与夏威夷分布着大量的火山？

太平洋的水很深，地壳很薄，但太平洋周围大陆的地壳却很厚，这就使其成为火山的集中地带。日本位于太平洋的边缘，正好是地壳厚薄变化地带，同时这里还有巨大的断裂，地下岩浆极易沿着断裂带向上喷发。而夏威夷群岛在太平洋中心，但也是一个洋底地壳不稳定地带，而且大山特别多，为岩浆喷发提供了条件。

火山喷出的气体为什么能杀人？

火山喷发出来的物质主要是气体（其中大部分是蒸汽）、火山灰、火山弹和熔岩。在喷出来的气体中含有氰化氢及其衍生剧毒物，当人吸入这种气体后，会造成呼吸神经麻痹，全身乏力，乃至窒息而死。

▼ 环形山之最——婆罗摩火山